高等院校公共基础课规划教材

办公软件高级应用实践教程

主　编　张建宏
副主编　施　莹　申　情　邵　斌

电子工业出版社
Publishing House of Electronics Industry
北京·BEIJING

内 容 简 介

本书是《办公软件高级应用》教材的配套实验与习题指导书，以 Office 2010 为平台，选择办公自动化最常用的 Word、Excel、PowerPoint 三款软件，根据浙江省计算机二级办公软件高级应用考试大纲要点、全国计算机二级 Ms Office 考试大纲要点，结合办公软件在工作、学习和生活中必须应用的实际情况编写。内容主要包括 Word 2010 高级应用实验、Excel 2010 高级应用实验、PowerPoint 2010 高级应用实验，计算机基础知识习题、Word 2010 高级应用习题、Excel 2010 高级应用习题、PowerPoint 2010 高级应用习题。

本书可作为高等院校计算机公共基础课程的教材，也可作为高等院校计算机二级考试的参考书，还可作为成人高等教育和各类计算机二级考试培训班的学习参考书。同时，也适合利用 Office 处理办公事务的各类人员使用。

未经许可，不得以任何方式复制或抄袭本书之部分或全部内容。
版权所有，侵权必究。

图书在版编目（CIP）数据

办公软件高级应用实践教程 / 张建宏主编．—北京：电子工业出版社，2015.12
ISBN 978-7-121-27594-4

Ⅰ.①办… Ⅱ.①张… Ⅲ.①办公自动化—应用软件—高等学校—教材 Ⅳ.①TP317.1
中国版本图书馆 CIP 数据核字（2015）第 274968 号

责任编辑：贺志洪
特约编辑：薛　阳　徐　堃
印　　刷：北京京师印务有限公司
装　　订：北京京师印务有限公司
出版发行：电子工业出版社
　　　　　北京市海淀区万寿路 173 信箱　邮编 100036
开　　本：787×1 092　1/16　印张：8.75　字数：224 千字
版　　次：2015 年 12 月第 1 版
印　　次：2019 年 7 月第 7 次印刷
定　　价：24.00 元

凡所购买电子工业出版社图书有缺损问题，请向购买书店调换。若书店售缺，请与本社发行部联系，联系及邮购电话：(010) 88254888。
质量投诉请发邮件至 zlts@phei.com.cn，盗版侵权举报请发邮件至 dbqq@phei.com.cn。
服务热线：(010) 88258888。

前 言

  本书作者根据多年从事办公软件教学的经验，从浙江省计算机二级 AOA 考试、全国计算机二级 Ms Office 考试、办公的需要综合考虑，让读者掌握文档制作与排版、数据处理和分析、常用演示文稿制作方法和技巧。

  全书共两篇，上篇为实验指导，共 12 个实验任务。每完成一个任务，学生可以掌握相应的知识要点，能够通过练习可以把所学到的操作方法和操作技巧直接应用到实际工作中，具有很强的实践性和实用性。下篇为习题和答案，习题详尽丰富。

  本书对每个实验任务都有十分详细操作步骤和方法。实验任务具有较强的实用性，注重应用能力的培养。

  尽管在本书的编写方面做了许多努力，但由于作者水平有限，书中也难免有疏漏之处，敬请读者批评指正。

编 者
2015 年 6 月

目 录

上篇　办公软件高级应用实验指导

模块 1　Word 2010 高级应用实验 ··· 2

任务 1.1　正文排版 ··· 2
一、实验目的 ··· 2
二、实验内容及操作步骤 ··· 2

任务 1.2　目录、图表索引 ··· 10
一、实验目的 ··· 10
二、实验内容及操作步骤 ··· 11
三、练习 ··· 28

任务 1.3　节、页眉、页脚、域和页码 ··· 29
一、实验目的 ··· 29
二、实验内容及操作步骤 ··· 29
三、练习 ··· 38

任务 1.4　邮件合并 ··· 40
一、实验目的 ··· 40
二、实验内容及操作步骤 ··· 40
三、练习 ··· 44

任务 1.5　主控文档、索引 ··· 45
一、实验目的 ··· 45
二、实验内容及操作步骤 ··· 45

V

　　　　三、练习 ……………………………………………………………………………… 47

模块 2　Excel 2010 高级应用实验 …………………………………………………… 48

　任务 2.1　Excel 数据输入技巧及基本函数使用 ……………………………………… 48

　　　　一、实验目的 …………………………………………………………………… 48

　　　　二、实验内容及操作步骤 ……………………………………………………… 48

　　　　三、练习 ………………………………………………………………………… 55

　任务 2.2　公式、数组公式、统计函数和数据库函数 ………………………………… 56

　　　　一、实验目的 …………………………………………………………………… 56

　　　　二、实验内容及操作步骤 ……………………………………………………… 56

　　　　三、练习 ………………………………………………………………………… 65

　任务 2.3　文本函数、日期时间函数和查找与引用函数 ……………………………… 66

　　　　一、实验目的 …………………………………………………………………… 66

　　　　二、实验内容及操作步骤 ……………………………………………………… 66

　　　　三、练习 ………………………………………………………………………… 72

　任务 2.4　财务函数、信息函数和算术运算符扩展应用 ……………………………… 73

　　　　一、实验目的 …………………………………………………………………… 73

　　　　二、实验内容及操作步骤 ……………………………………………………… 73

　任务 2.5　Excel 数据分析与管理 ……………………………………………………… 79

　　　　一、实验目的 …………………………………………………………………… 79

　　　　二、实验内容及操作步骤 ……………………………………………………… 79

　　　　三、练习 ………………………………………………………………………… 91

模块 3　PowerPoint 2010 高级应用实验 ……………………………………………… 93

　任务 3.1　PowerPoint 编辑 ……………………………………………………………… 93

　　　　一、实验目的 …………………………………………………………………… 93

　　　　二、实验内容及操作步骤 ……………………………………………………… 93

　任务 3.2　PowerPoint 切换、动画和放映 …………………………………………… 105

　　　　一、实验目的 ………………………………………………………………… 105

　　　　二、实验内容及操作步骤 …………………………………………………… 105

　　　　三、练习 ……………………………………………………………………… 116

目 录

下篇　办公软件高级应用习题

习题 1　计算机基础习题 ·· 118
   1.1　单项选择题 ·· 118
   1.2　单项选择题参考答案 ·· 119
   1.3　判断题 ·· 119
   1.4　判断题参考答案 ··· 120

习题 2　Word 习题 ··· 121
   2.1　单项选择题 ·· 121
   2.2　单项选择题参考答案 ·· 123
   2.3　判断题 ·· 124
   2.4　判断题参考答案 ··· 125

习题 3　Excel 习题 ·· 126
   3.1　单项选择题 ·· 126
   3.2　单项选择题参考答案 ·· 128
   3.3　判断题 ·· 129
   3.4　判断题参考答案 ··· 130

习题 4　PowerPoint 习题 ··· 131
   4.1　单项选择题 ·· 131
   4.2　单项选择题参考答案 ·· 132
   4.3　判断题 ·· 132
   4.4　判断题参考答案 ··· 132

上篇 办公软件高级应用实验指导

- 模块 1　Word 2010 高级应用实验

- 模块 2　Excel 2010 高级应用实验

- 模块 3　PowerPoint 2010 高级应用实验

模块 1　Word 2010 高级应用实验

任务 1.1　正文排版

一、实验目的

（1）掌握页面布局，包括页边距、纸张大小、纸张方向、文档网格等的设置。
（2）掌握 Word 基本操作，包括字体、段落格式，复制、粘贴、替换、查找等。
（3）掌握样式设置，包括创建新样式、修改样式、管理样式等。
（4）掌握脚注、尾注，包括插入脚注、尾注、编辑脚注和尾注等。
（5）掌握自动编号。
（6）掌握批注和修订的使用。
（7）掌握书签的创建、超链接的建立及应用。

二、实验内容及操作步骤

湖州师范学院的毕业设计（论文）要求：毕业设计（论文）应使用统一的 A4 纸打印，每页约 40 行，每行约 30 字；打印正文中文字体为"宋体"，西文字体为"Times New Roman"，字号为"小四"；段落行距为固定值"18 磅"，首行缩进 2 字符，段前 0.5 行，段后 0.5 行；版面边距上空 2.54cm，下空 2.54cm，左空 2.67cm（装订线 0.5），右空 3.17cm。

打开文件"毕业设计.docx"，完成以下工作。

1. 页面布局

➢ 纸张大小 A4，纸张方向纵向，每页约 40 行，每行约 30 字。
➢ 版面边距上空 2.54cm，下空 2.54cm，左空 2.67cm（装订线 0.5），右空 3.17cm。

操作步骤如下。

步骤 1：单击"页面布局"选项卡中"页面设置"组右下角的对话框启动器，打开"页面设置"对话框，如图 1-1 所示。

步骤 2：进入"页边距"选项卡设置边距和纸张方向。

步骤 3：Word 默认为 A4 纸型，纸张大小无须设置。

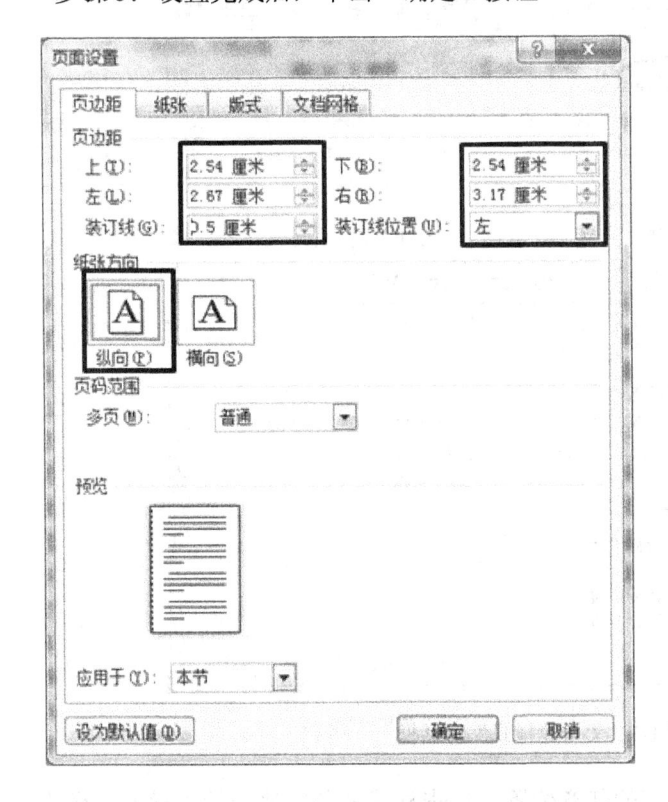

步骤 4：进入"文档网格"选项卡中选择"指定行和网格"并完成相关设置。

步骤 5：设置完成后，单击"确定"按钮。

图 1-1 "页面设置"对话框　　　　　图 1-2 样式任务窗格

2. 创建名为"学号"（如 2015082101）的样式

样式要求如下：

> 中文字体为"宋体"，西文字体为"Times New Roman"，字号为"小四"。
> 段落行距为固定值"18 磅"，首行缩进 2 字符，段前 0.5 行，段后 0.5 行。
> 其余格式，默认设置。
> 将新的样式应用到正文中无编号的文字，不包括章名、小节名、表文字、表和图的标题。

操作步骤如下。

步骤 1：将插入点定位到文档正文中的某一段落（任一正文段落都行，但不要定位在标题中）。

步骤 2：单击"开始"选项卡中"样式"组右下角对话框启动器，打开如图 1-2 所示的"样式任务窗格"，单击左下角的"新建样式"按钮，打开如图 1-3 所示"创建样式"对话框。

步骤 3：在样式"名称"中输入"样式名"即学号；单击左下角"格式"按钮，完成相关字体格式和段落格式设置。

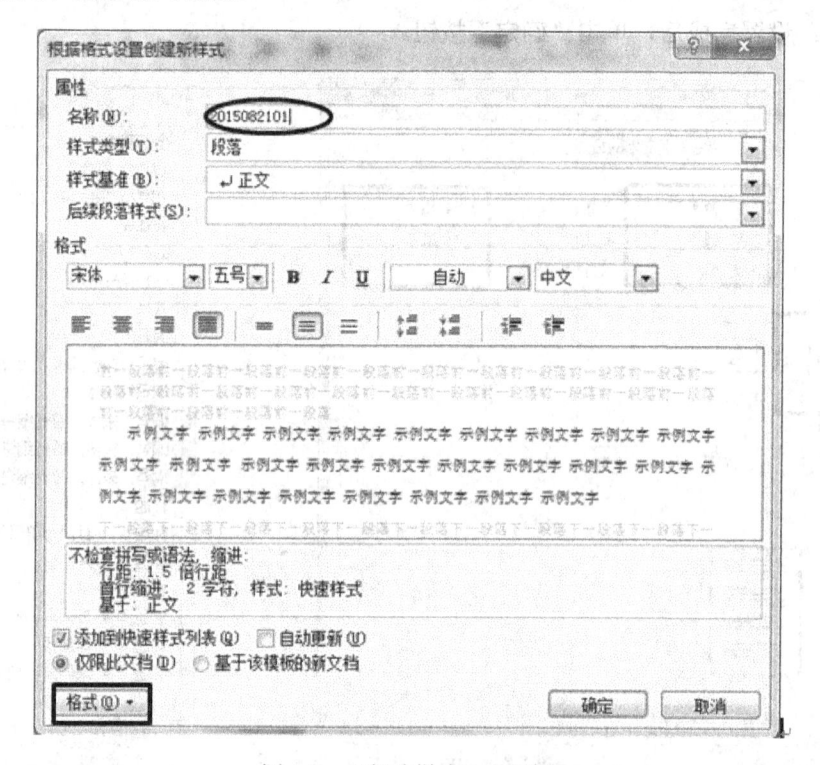

图 1-3 "新建样式"对话框

步骤 4：将光标定位在正文段落的任意位置，单击样式任务窗格中的"学号"样式。依次对其余段落（不含章名、小节名、表文字、表和图的题注、尾注）应用该样式。注意：为了加快速度，成片的段落可一起选中，再单击样式任务窗格中建好的新样式。注：也可使用"格式刷"按钮 完成样式的复制。

3. 对为正文文字（不包括标题）中首次出现"MD5"的地方插入脚注，添加文字"消息摘要算法第五版"，同时给它插入批注，批注内容为"MD5 为 Message Digest Algorithm 缩写"

操作步骤如下。

步骤 1：查找首次出现"MD5"的地方。

将光标置于文档开始处，在菜单"开始"选项卡 "编辑"组中单击"查找"，打开如图 1-4 所示"查找和替换"对话框，在"查找内容"中输入"MD5"，单击"查找下一处"按钮，在正文中首次找到"MD5"时按下"取消"按钮。

步骤 2：插入"MD5"脚注。

将光标置于找到的"MD5"文字后，在"引用"选择项卡"脚注"组中单击"插入脚注"按钮，光标自动跳转到插入脚注文本的当前页面底部，输入注释文字"消息摘要算法第五版"。注意：插入脚注的文字"MD5" 后自动添加上标符号，本页底部有相应的注释文字。插入尾注的方法与脚注相同，不再重复。脚注和尾注标记位置可以复制、移动、删除。

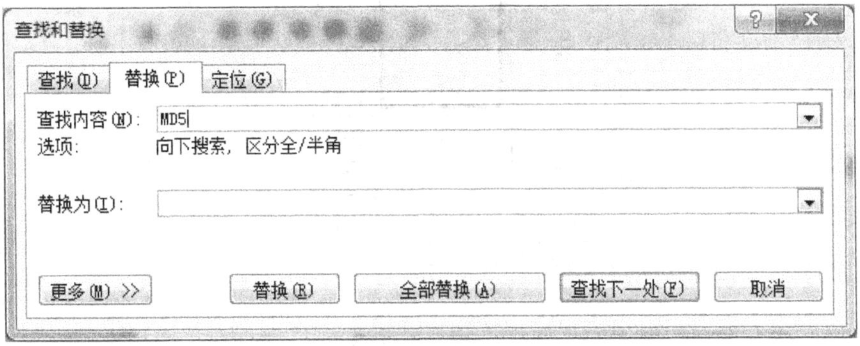

图1-4 "查找和替换"对话框

步骤3：插入"MD5"批注。

选择文本"MD5"。切换到"审阅"选项卡，单击"批注"组中的"新建批注"按钮，在打开的批注框中输入文本"MD5 为 Message Digest Algorithm 缩写"，效果如图 1-5 所示。

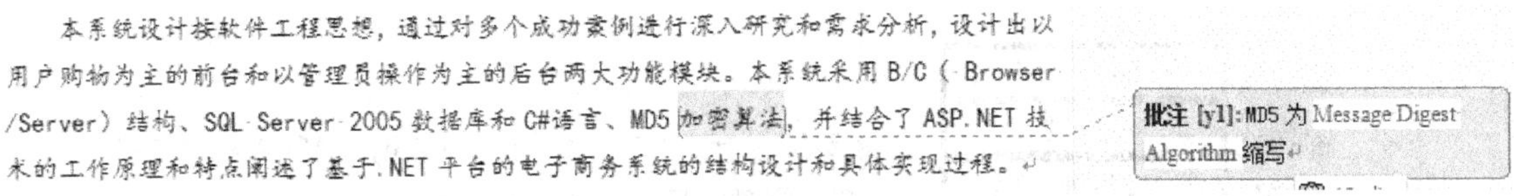

图1-5 插入了批注

4. 自动编号
  - 若论文中出现"1."、"2."…处，进行自动编号，编号格式不变。
  - 若论文中出现"1)"、"2)"…处，进行自动编号，编号格式不变。
  - 若论文中出现"（1）"、"（2）"…处，进行自动编号，编号格式不变。
  - 若论文中出现其他相关编号均采用相同格式的自动编号。

操作步骤方法：将光标定位在"1."之前（若连续可同时选中），切换到功能区的"开始"选项卡，单击"段落"选项组中的"编号"按钮打开如图1-6所示"编号库"对话框，完成自动编号（此时单击选中文本"1."，能看到带灰色底纹）；其余编号同理。若编号不连续或重新从 1 开始编号，则在编号处单击鼠标右键在快捷菜单中选择"继续编号"、"重新开始于1"或"设置编号值"，如图1-7所示，若选择的是"设置编号值"命令，则打开如图1-8所示的"起始编号"对话框，在对话框中完成相关的设置，单击"确定"按钮即可。

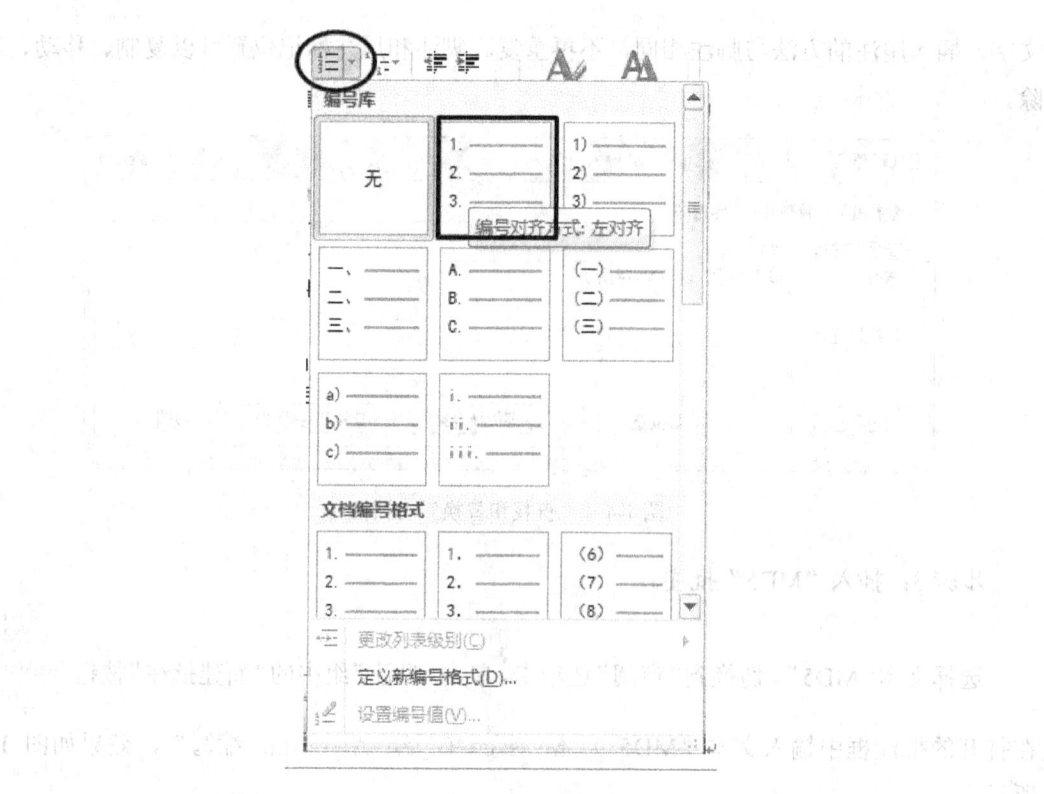

图 1-6 "编号库"对话框

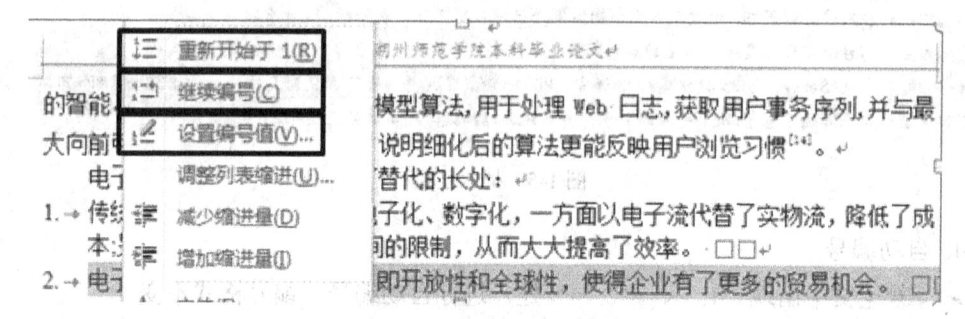

图 1-7 "继续编号"、"重新开始于 1"

图 1-8 "起始编号"对话框

5. 修订

学生完成了论文初稿并将电子稿交给了指导老师。指导老师看完学生的初稿，提出了一些修改建议，指导老师如何在论文上留下让学生一看就知道指导老师到底对论文提出了什么建议——是需要删除部分内容、插入新的内容还是修改原来的内容?论文作者怎么根据这些提示进行论文修订呢？

Word 2010 提供了修订功能，操作方法如下。

首先选择要进行修订文本。然后在"审阅"选项卡中，单击"修订"组中的"修订"按钮的上半部（也可单击下半部或小三角，在下拉菜单中选择"修订"），界面进入修订状态。此时就可以进行修改、插入和删除等操作。效果如图1-9所示。

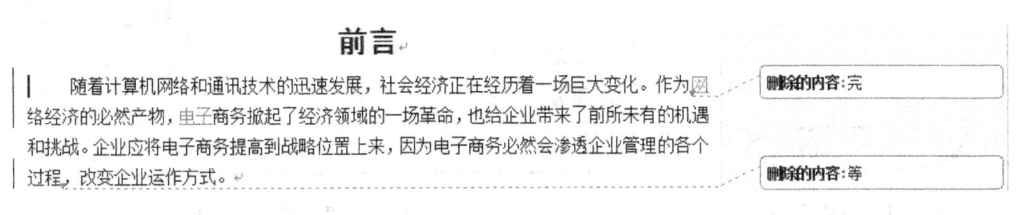

图1-9 修改、插入和删除修订

论文作者可以使用"审阅"选项卡中的"接受"命令接受老师提出的修改建议，也可以使用"拒绝"命令不接受老师提出的修改建议，若多个老师都对论文提出建议可以利用"比较"下拉菜单中的"合并"命令来完成合并他们提出的建议。具体操作如图1-10所示。

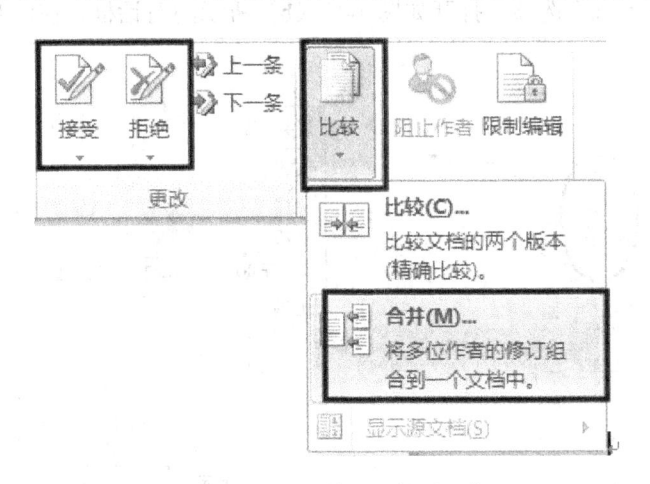

图1-10 接受、拒绝或比较不同修订

6. 分栏、首字下沉

在报纸、期刊杂志中经常使用分栏来对内容进行排版，它将一篇文档分成多栏，当然是否需要分栏得根据版面设计的需要来设计。

分栏的操作方法：选中需要分栏的文本内容，切换到功能区的"页面布局"选项卡，单击"页面设置"选项组中的"分栏"按钮，在弹出的下拉菜单中选择"更多分栏"（如图 1-11 所示），打开"分栏"对话框。在该对话框中，选择"两栏"；若各栏间需要分隔线则选中"分隔线"复选框，如图 1-12 所示，完成设置单击"确定"按钮即可。

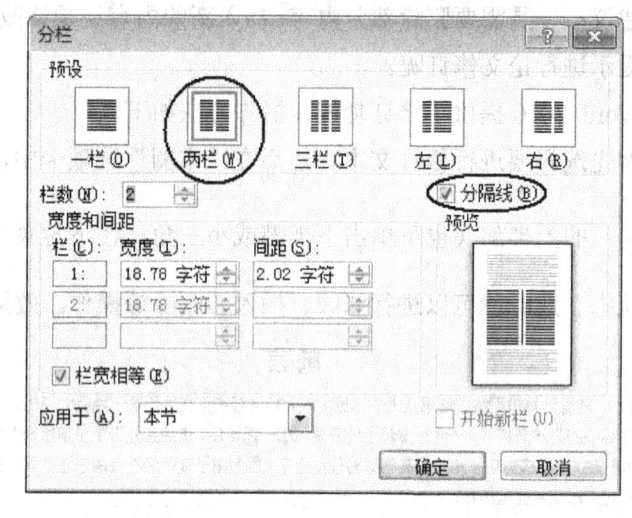

图 1-11 分栏命令　　　　　　　　图 1-12 "分栏"对话框

另外，在该对话框中还可以设置栏宽（每栏的字符个数）和两栏之间的间距。

首字下沉的操作方法：选中要下沉的字或将光标定位到要实现首字下沉的段落，切换到功能区中的"插入"选项卡，在"文本"组中单击"首字下沉"按钮，如图 1-13（a）所示，若选择"首字下沉"选项，打开如图 1-13（b）所示的对话框，在此对话框中可以完成相关设置。

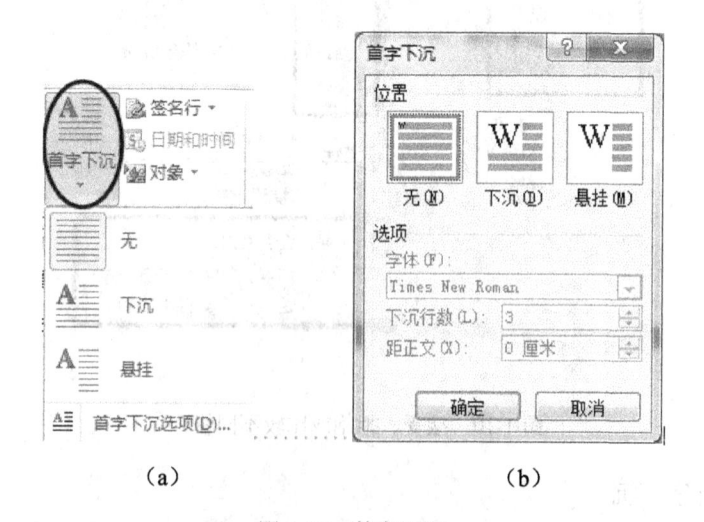

（a）　　　　　　　　（b）

图 1-13 首字下沉

7. 书签和超链接

通过书签和超链接一起可以手工完成目录的创建。

问题描述：张三是 Word 的初学者，他不知道自动生成目录的方法，但他已经学习过书签和超链接的知识，他决定利用这些知识来完成手工目录的制作。

操作步骤如下。

步骤 1：手工输入在手工目录出现的文本内容如图 1-14 所示。

目　录

第一章　绪　论 1
 1.1 系统开发背景 1
 1.2 系统的研究现状 1
 1.3 系统研究的发展趋势 2
 1.4 电子商务的分类 2
 1.5 系统开发的目的和意义 3
  1.5.1 系统开发的目的 3
  1.5.2 系统开发的意义 3
 1.6 全文体系 3
第二章　系统基础技术及相关体系结构 4
 2.1 系统基础技术 4
  2.1.1 SQL Server 数据库 4

图 1-14　手工目录

步骤 2：设置书签操作，选中要设置书签的文本"第一章　绪　论"，切换到功能区的"插入"选项卡。单击"链接"选项组中的"书签"按钮，打开"书签"对话框。在"书签名"文本框中输入书签名称，单击"添加"按钮，如图 1-15 所示。重复该步骤 2，完成所有章节书签设置。

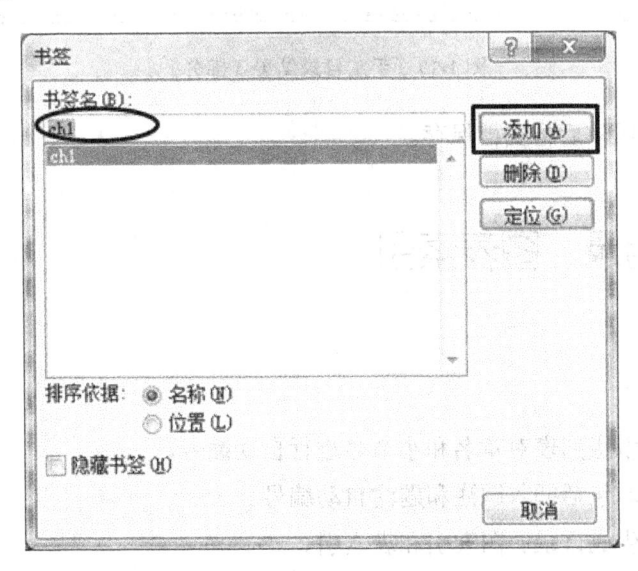

图 1-15　"书签"对话框

步骤 3：设置超链接操作方法。首先选中要设置超链接的文本，然后切换到功能区的"插入"选项卡。单击"链接"选项组中的"超链接"按钮，打开"插入超链接"对话框。按图 1-16 所示选择"链接到"、"请选择文档中的位置"、"链接到哪一个书签"。单击"确定"按钮，结果如图 1-17 所示。

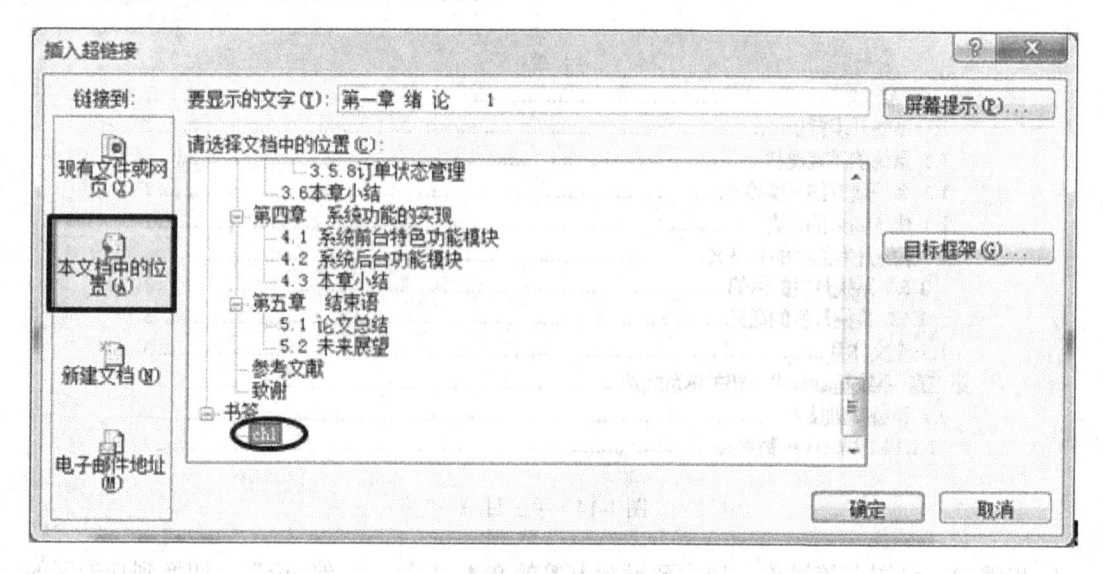

图 1-16　"插入超链接"对话框

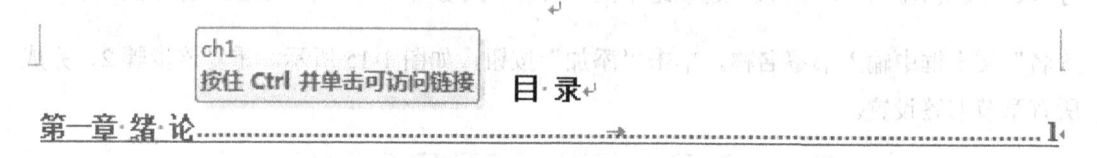

图 1-17　手工目录结果（部分）

完成以上所有操作后将文档保存。

任务 1.2　目录、图表索引

一、实验目的

（1）掌握使用多级列表对章名和小节名进行自动编号。
（2）掌握题注，包括插入题注和题注自动编号。
（3）掌握自动生成目录、图索引和表索引。
（4）掌握正确使用交叉引用。

二、实验内容及操作步骤

问题描述：张三觉得采用书签与超链接来制作目录太麻烦，同时若文档内容发生改变而引起页码变化的话要修改目录中所有的页码。现在他想给毕业论文自动生成如图 1-18 所示格式的目录、图索引和表索引。具体要求如下。

（1）使用多级符号对章名、小节名进行自动编号，代替原始的编号。

- 章号的自动编号格式为：第 X 章（例：第 1 章），其中 X 为自动排序，阿拉伯数字序号。对应级别 1。居中显示。
- 节名自动编号格式为：X.Y，X 为章数字序号，Y 为节数字序号（例：1.1），X、Y 均为阿拉伯数字序号，对应级别 2。左对齐显示。
- 小节名自动编号格式为：X.Y.Z，X 为章数字序号，Y 为节数字序号，Z 为小节数字序号（例：1.1.1），X、Y、Z 均为阿拉伯数字序号，对应级别 3。左对齐显示。

（2）对正文的图添加题注"图"，位于图下方，居中。要求：

- 编号为"章序号"-"图在章中的序号"，例如第 1 章中第 2 幅图，题注编号为 1-2。
- 图的说明使用图下一行的文字，格式同编号。
- 图与其题注居中。

（3）对正文中出现"如下图所示"的"下图"两字，使用交叉引用，将"下图"改为"图 X-Y"，其中"X-Y"为图题注的编号。

（4）对正文中的表添加题注"表"，位于表上方，居中。

- 编号为"章序号"-"表在章中的序号"，例如，第 1 章中第 1 张表，题注编号为 1-1。
- 表的说明使用表上一行的文字，格式同编号。
- 表与其题注居中，表内文字不要求居中。

（5）对正文中出现"如下表所示"中的"下表"两字，使用交叉引用。将"下表"改为"表 X-Y"，其中"X-Y"为表题注的编号。

（6）在正文前按序插入三节，使用 Word 提供的功能，自动生成如图 1-18 所示的目录、图表索引内容。

- 第 1 节：目录。其中，"目录"使用样式"标题 1"，并居中；"目录"下为目录项。
- 第 2 节：图索引。其中，"图索引"使用样式"标题 1"，并居中；"图索引"下为图索引项。
- 第 3 节：表索引。其中，"表索引"使用样式"标题 1"，并居中；"表索引"下为表索引项。

目 录

目 录 i
图索引 iii
表索引 iv
前言 1
第1章 绪 论 2
　1.1 系统开发背景 2
　1.2 系统的研究现状 2
　1.3 系统研究的发展趋势 3
　1.4 电子商务的分类 3
　1.5 系统开发的目的和意义 4
　　1.5.1 系统开发的目的 4
　　1.5.2 系统开发的意义 4
　1.6 全文体系 4

图索引

图 3-1 系统结构原理图 10
图 3-2 系统功能模块图 11
图 3-3 前台主要功能图 12
图 3-4 后台主要功能图 13
图 3-5 玉杰家电超市网上销售系统流程图 14
图 3-6 玉杰家电超市网上销售系统流程图 15
图 3-7 玉杰家电超市网上销售系统数据关系图 15
图 4-1 玉杰家电超市网上销售系统首页 22
图 4-2 用户登录窗口 22
图 4-3 用户注册页面 23
图 4-4 会员选择操作页面 23

表索引

表 3-1 数据库表 16
表 3-2 管理员信息表 16
表 3-3 会员信息表 16
表 3-4 超市产品信息表 17
表 3-5 商品类别表 17
表 3-6 商品订单信息表 17
表 3-7 商品订单详情表 18
表 3-8 最新优惠活动信息表 18
表 3-9 用户购物车信息表 18

图 1-18　目录、图表索引（部分）

打开文件"毕业设计.docx"，完成以下工作。

1. 使用多级符号对章名、节名、小节名进行自动编号，代替原始的编号要求如下：

➢ 章号的自动编号格式为：第 X 章（例：第 1 章），其中 X 为自动排序。阿拉伯数字序号。对应级别 1。居中显示。

➢ 小节名自动编号格式为：X.Y，X 为章数字序号，Y 为节数字序号（例：1.1），X、Y 均为阿拉伯数字序号，对应级别 2。左对齐显示。

➢ 小节名自动编号格式为：X.Y.Z，X 为章数字序号，Y 为节数字序号，Z 为小节数字序号（例：1.1.1），X、Y、Z 均为阿拉伯数字序号，对应级别 3。左对齐显示。

➢ 创建新标题样式：新建样式"my 样式"，使其与样式"标题 1"在文字外观上完全一致，但不会自动添加到目录中，并应用于摘要中论文中文标题"基于 C#的玉杰家电超市网上销售系统"和论文英文标题"Based on the C# Yujie appliances supermarket online sales system"。

（1）章号的自动编号操作步骤

方法 1 操作步骤如下。

步骤 1：切换到功能区中的"开始"选项卡，在"段落"选项组中单击"多级列表"按钮，打开"多级列表"的下拉菜单，先在样式列表库中选择一种合适的样表，使之成为当前列表；再次单击"多级列表"按钮，在打开的"多级列表"下拉菜单中选择"定义新的多级列表"命令（如图 1-19 所示），打开"定义新多级列表"对话框（如图 1-20 所示）。

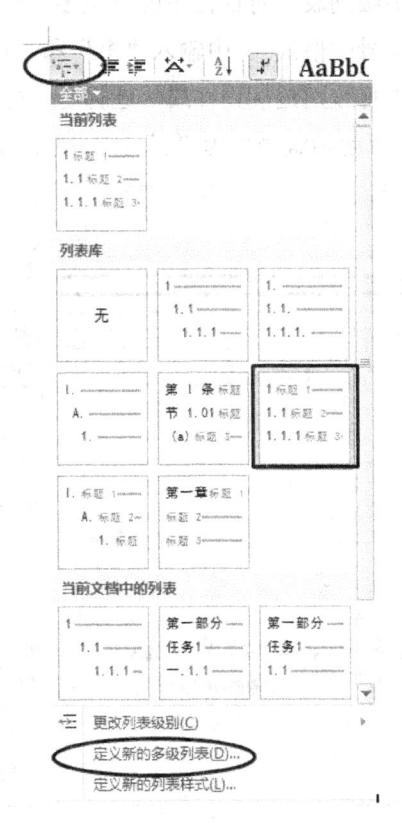

图 1-19 "多级列表"的下拉菜单

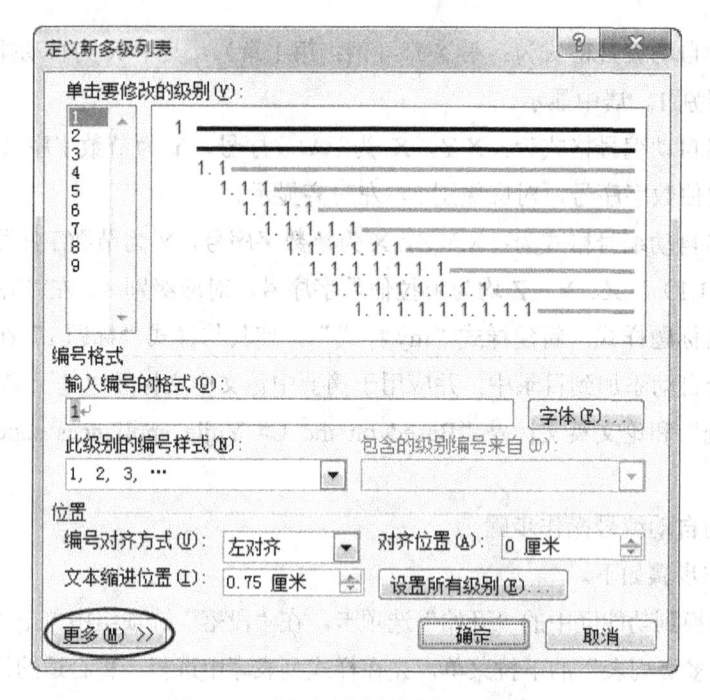

图 1-20　"定义新多级列表"对话框

步骤 2：单击"定义新多级列表"对话框中的"更多"按钮，打开完整的"定义新多级列表"对话框，在"输入编号的格式" 中输入"第"和"章"（带灰色底纹的"1"，不能自行删除或添加）；将"将级别链接到样式"选择为"标题 1"，将"要在库中显示的级别"选择为"级别 1"，"起始编号"为"1"，如图 1-21 所示。单击"确定"按钮。

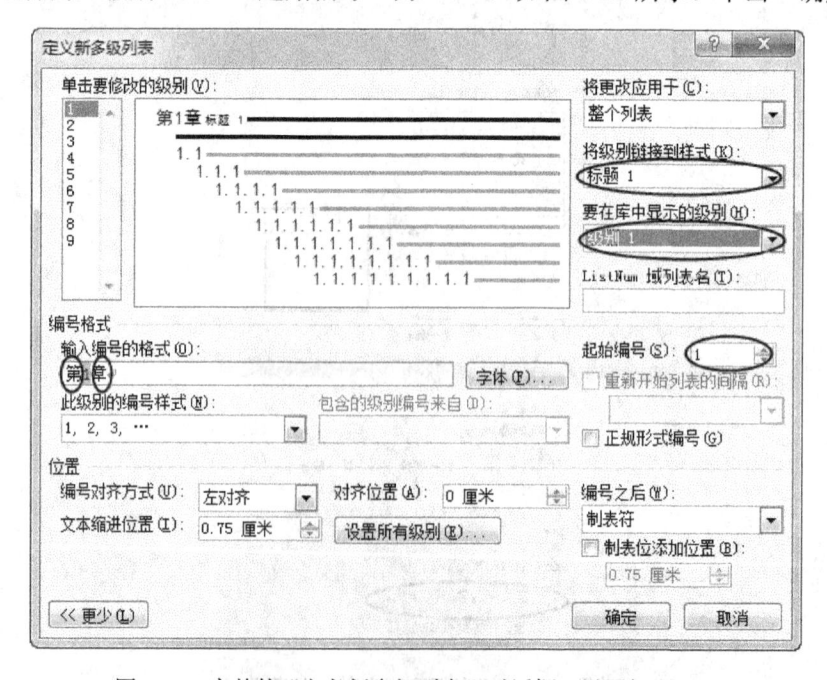

图 1-21　完整的"定义新多级列表"对话框（设置标题 1）

模块 1　Word 2010 高级应用实验

步骤 3：右键单击"开始"选项卡中"样式"组的"第 1 章标题 1"按钮，在弹出的快捷菜单中选择"修改"命令（如图 1-22 所示）。在打开的"修改样式"对话框中，单击"居中"按钮 ，如图 1-23 所示。

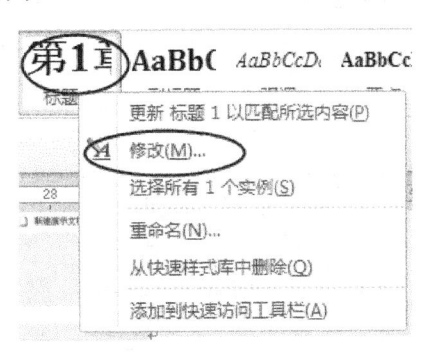

图 1-22　设置标题 1 的快捷菜单

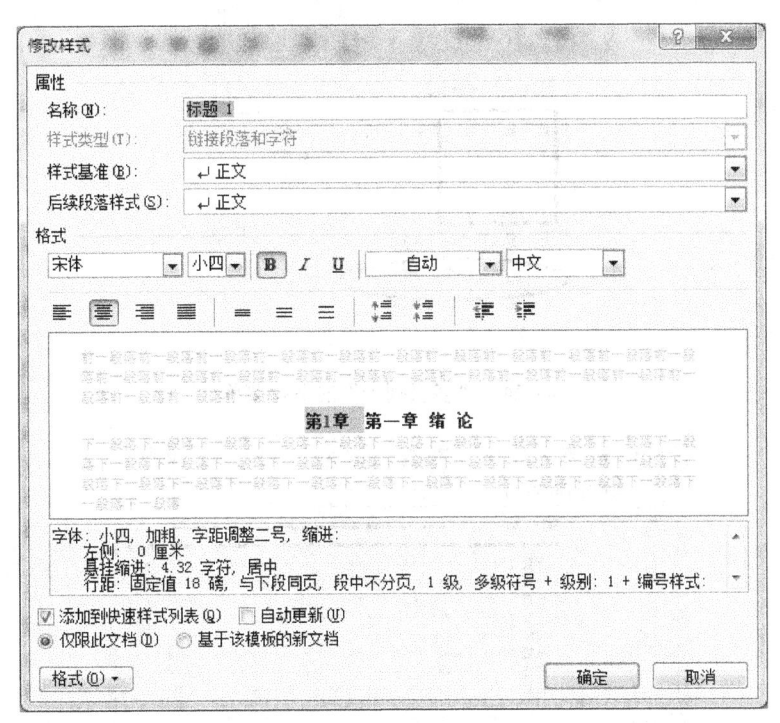

图 1-23　"修改样式"对话框

方法 2 操作步骤如下。

步骤 1：切换到功能区中的"开始"选项卡，在"段落"选项组中单击"多级列表"按钮 ，打开"多级列表"下拉菜单。先在样式列表库中选择一种合适的样表，使之成为当前列表；再次单击"多级列表"按钮 ，在打开的"多级列表"下拉菜单中选择"定义新的多级列表"命令（如图 1-24 所示），打开"定义新多级列表"对话框（如图 1-25 所示）。

15

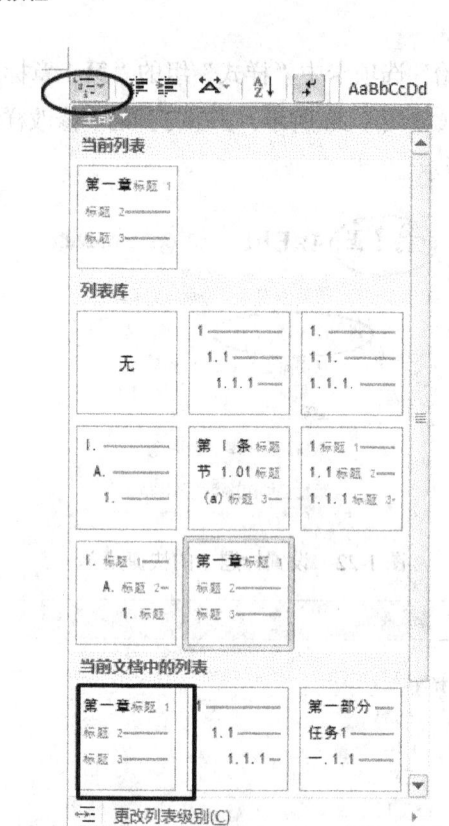

图 1-24 "多级列表"的下拉菜单

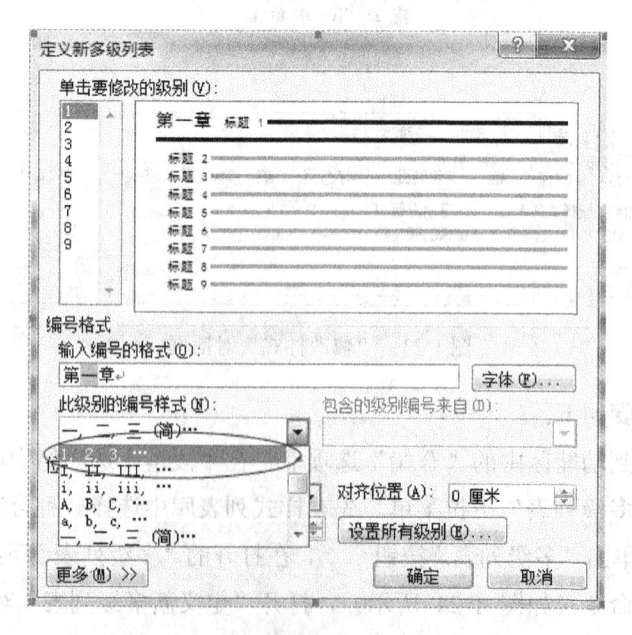

图 1-25 "定义新多级列表"对话框（设置标题 1）

步骤 2：单击"定义新多级列表"对话框中的"此级别的编号样式"中选择"1, 2, 3, …"，单击"确定"按钮。若些时标题已经居中显示，则无须完成步骤 3。

步骤 3：右键单击"开始"选项卡中"样式"组的"第 1 章标题 1"按钮，在弹出的快捷菜单中选择"修改"命令（如图 1-26 所示）。在打开的"修改样式"对话框中，单击"居中"按钮，如图 1-27 所示。

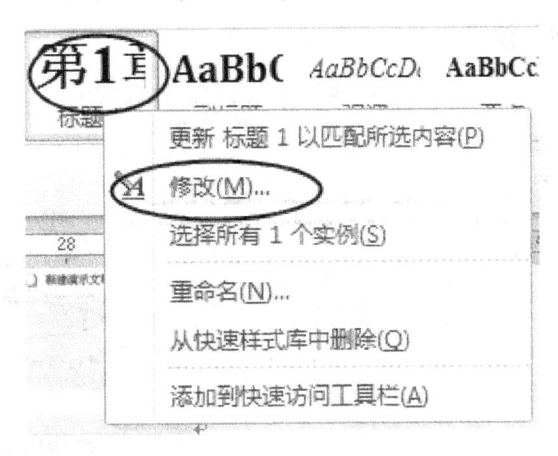

图 1-26　设置标题 1 的快捷菜单

图 1-27　修改"标题 1"的格式

（2）节号的自动编号操作步骤

方法1操作步骤如下。

步骤1：按上面步骤1的方法打开完整的"定义新多级列表"对话框。选择"单击要修改的级别"为"2"；保持默认的"输入编号的格式"；将"将级别链接到样式"选择为"标题2"，将"要在库中显示的级别"选择为"级别2"，"起始编号"为"1"，如图1-28所示。单击"确定"按钮。

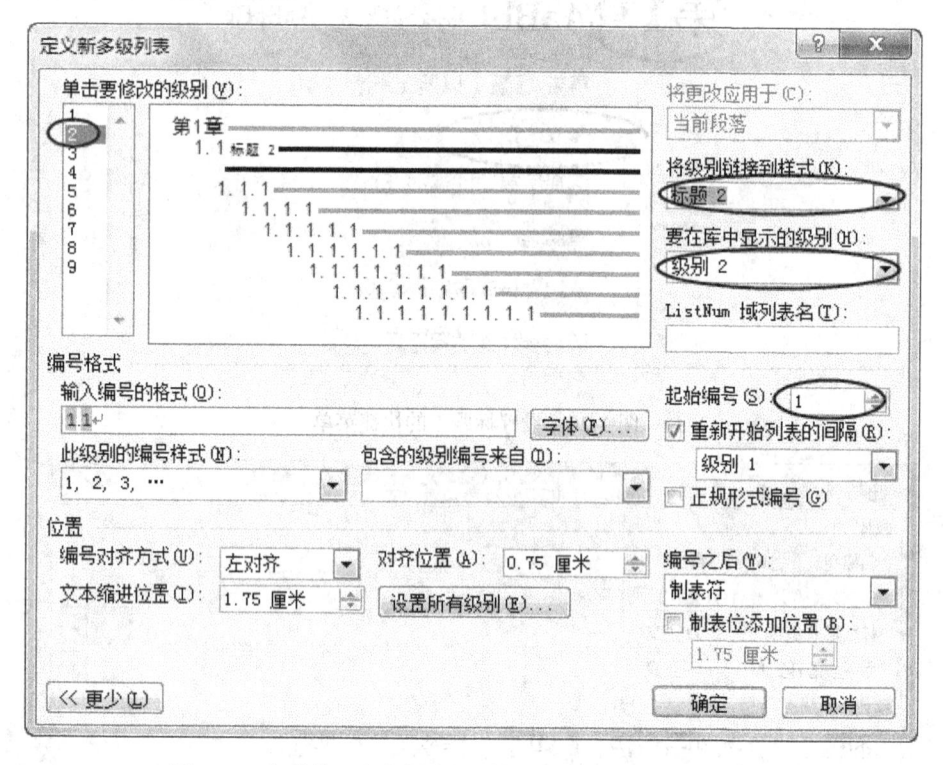

图1-28 完整的"定义新多级列表"对话框（设置标题2）

步骤2：方法同章号的自动编号操作步骤3，在打开的"修改样式"对话框中，单击"左对齐"按钮，设置标题2左对齐显示。单击"确定"按钮。

方法2操作步骤如下。

步骤1：将光标定位到小节标题前，应用样式中的"标题2"，按上面方法2步骤1的方法打开完整的"定义新多级列表"对话框。将"包含的级别编号来自"选择为"级别1"，此时"输入的编号格式"中出现带阴影的"1"，在"1"输入实心句点"."，在"此级别的编号样式"中选择"1，2，3，…"，对应级别2的设置方法如方法1，如图1-29所示。单击"确定"按钮。

步骤2：重复章号的自动编号操作步骤3，在打开的"修改样式"对话框中，单击"左对齐"按钮，设置标题2左对齐显示。单击"确定"按钮。

小节自动编号设置与节自动编号相同，这里不再赘述。

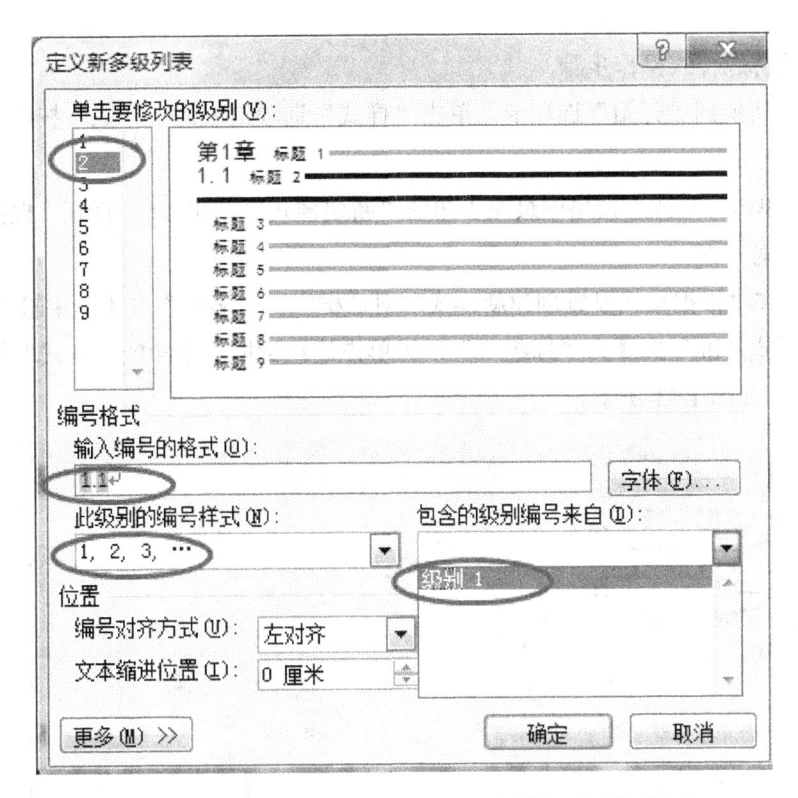

模块 1　Word 2010 高级应用实验

图 1-29　完整的"定义新多级列表"对话框（设置标题 2）

（3）应用标题 1、标题 2 和标题 3 样式

操作步骤如下。

将光标定位在文档的第一行（即章名所在的行）的任何位置，再单击"样式"选项组中的"标题 1"按钮，应用了标题 1 的样式并删除多余的章序号（自动生成的带灰色底纹的章序号不能删），如图 1-30 所示。其余各章按序同理。

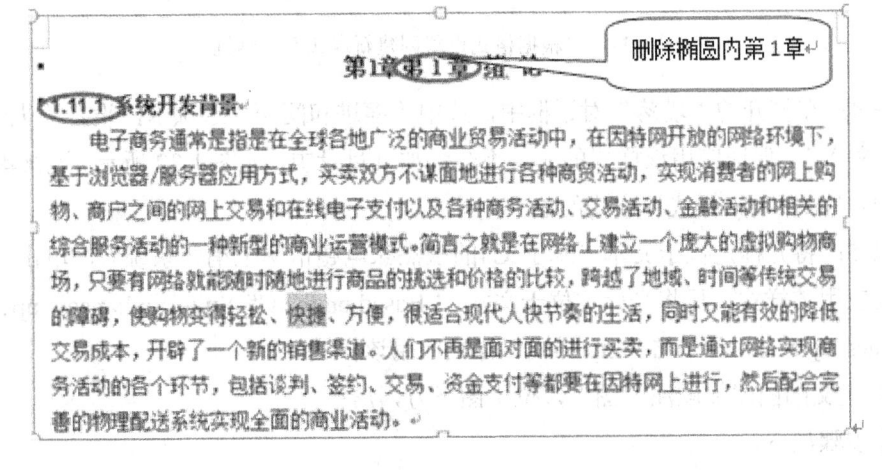

图 1-30　应用"标题 1"样式

（4）新建标题样式操作步骤

步骤1：切换到"开始"选项卡，单击"样式"选项组中的"样式"按钮，打开"样式"窗格。

步骤2：单击"样式"窗格中最左下角的"新建样式"按钮，打开"根据格式设置创建新样式"对话框。

步骤3：在"根据格式设置创建新样式"对话框中，"名称"文本框中输入文本"my样式"，"样式基准"选择为"标题1"；再单击该对话框左下角的"格式"按钮，选择"段落"选项，如图1-31所示。

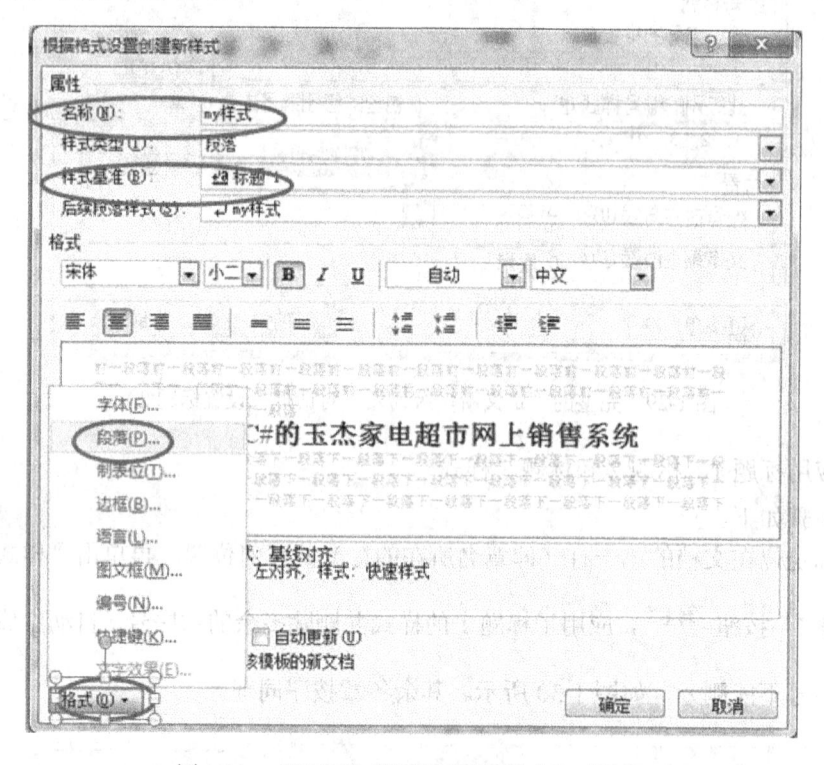

图1-31 "根据格式设置创建新样式"对话框

步骤4：在打开的"段落"对话框中，选中"缩进和间距"选项卡，设置"大纲级别"为"正文文本"，保证应用该样式的文字不会添加到目录中，如图1-32所示。连续单击"确定"按钮，完成"my样式"样式的建立。

步骤5：将光标定位于文本"基于C#的玉杰家电超市网上销售系统"，单击"my样式"样式应用该样式；再将光标定位于文本 "Based on the C# Yujie appliances supermarket online sales system"，单击"my样式"样式应用该样式。

2. 对正文的图添加题注"图"，位于图下方，居中

操作步骤如下。

步骤1：将光标定位在文档中第一张图片下方的题注前（不要单击图片选择图片），

如图 1-33 所示。

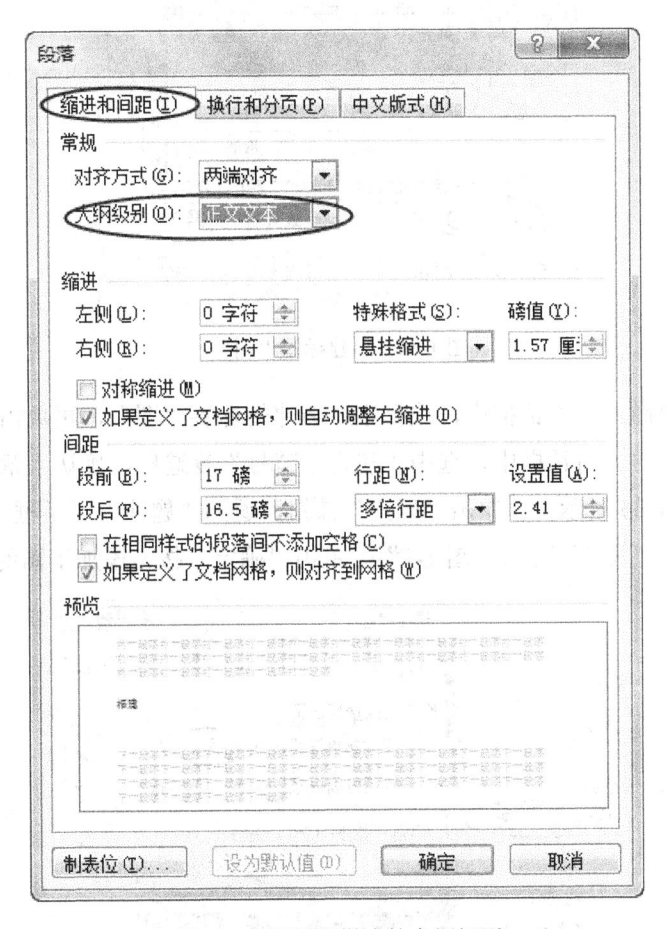

图 1-32 设置新样式的大纲级别

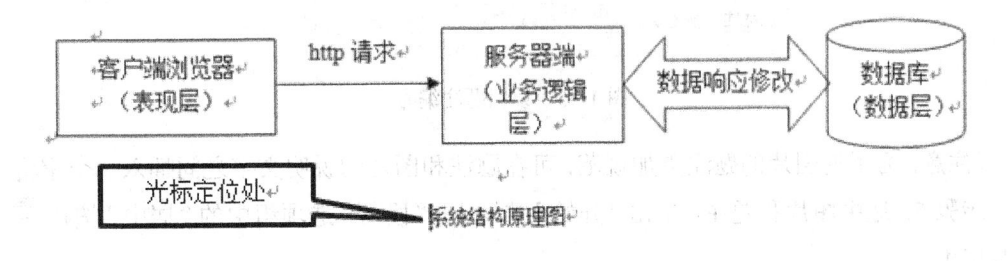

图 1-33 将光标定位在图的题注前

步骤 2：切换到功能区中的"引用"选项卡，再单击"题注"选项组中的"插入题注"按钮 ，打开"题注"对话框。

步骤 3：在"题注"对话框中，"标签"框选择"图"。若无"图"标签，则单击"新建标签"按钮，打开"新建标签"对话框，其中输入文本"图"，如图 1-34 所示。单击"确定"按钮返回"题注"对话框。此时，新建的标签"图"就出现在了"标签"列表框中。

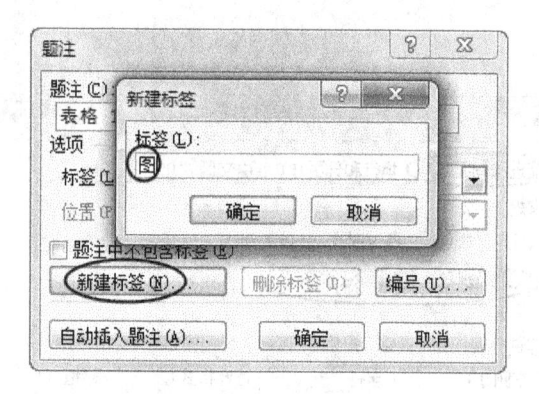

图 1-34 新建标签"图"

步骤 4：在"题注"对话框中，选择刚才新建的标签"图"，再单击"编号"按钮，在打开的"题注编号"对话框中，选中"包含章节号"复选框，确认"章节起始样式"为"标题 1"（如图 1-35 所示）。单击"确定"按钮，返回"题注"对话框。此时，"题注"文本框中的内容由"图 1"变为"图 1-1"。单击"确定"按钮添加了图的题注。

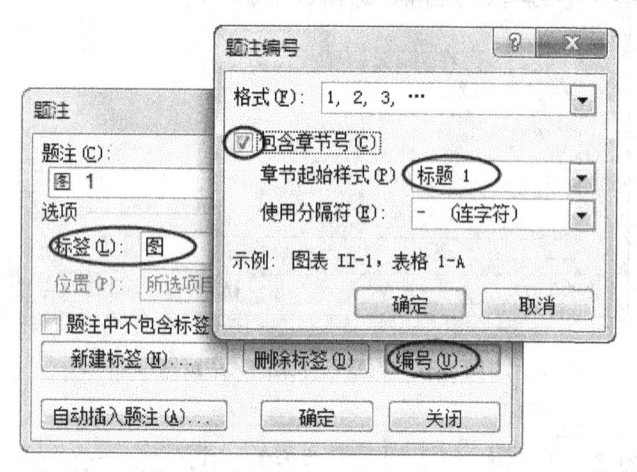

图 1-35 设置题注编号

（注意：为了使图片的题注更加规范，可在题注和图片的说明文字之间插入一个空格。）

步骤 5：选中图片和题注，单击"开始"选项卡 "段落"选项组中的"居中"按钮，使其居中。

同理，依次设置文档中其余图片的题注和居中对齐。

3. 对正文中出现"如图 X-Y 所示"的"图 X-Y"，使用交叉引用

步骤 1：选中第一张图片上方的文本"图 X-Y"。

步骤 2：切换到"引用"选项卡，单击"题注"选项组中的"交叉引用"按钮，（也可以切换到"插入"选项卡，单击"链接"选项组中的"交叉引用"按钮），打开"交叉引用"对话框。在"交叉引用"对话框中，选择如图 1-36 所示的"引用类型"、"引用内容"和"引用哪一个题注"。单击"插入"按钮，并关闭该对话框。

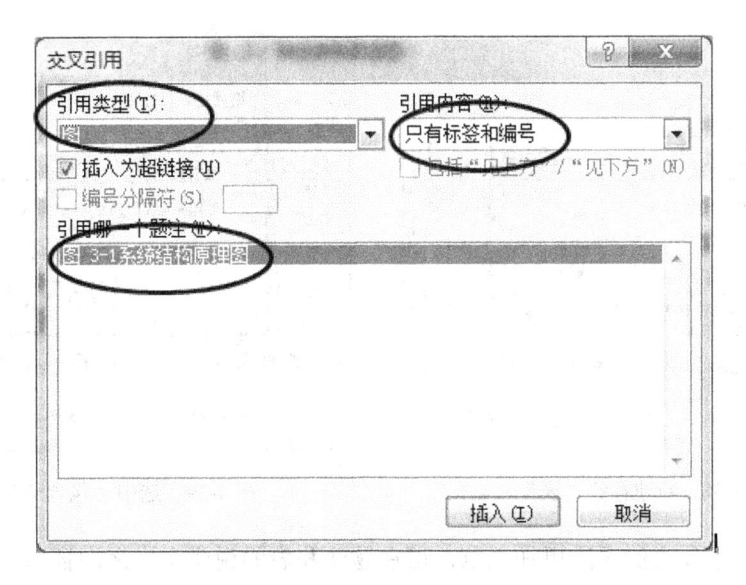

模块 1　Word 2010 高级应用实验

图 1-36　"交叉引用"对话框

同理，依次对文档中其余图片设置交叉引用。

4. 对正文中的表添加题注"表"，位于表上方，居中

与 2.中图片的题注操作方法类似。

步骤 1：将光标定位在第一张表上方的题注前，如图 1-37 所示。

图 1-37　将光标定位在表题注前

步骤 2：切换到功能区的"引用"选项卡，单击"题注"选项组中的"插入题注"按钮，打开"题注"对话框。

步骤 3：在"题注"对话框中，"标签"框选择"表"。若无"表"标签，单击"新建标签"按钮，打开"新建标签"对话框，在其中输入文本"表"，如图 1-38 所示。单击"确定"按钮返回"题注"对话框。此时，新建的标签"表"就出现了在"标签"列表框中。

步骤 4：在"题注"对话框中，选择刚才新建的标签"表"，再单击"编号"按钮，在打开的"题注编号"对话框中，选中"包含章节号"，"章节起始样式"为"标题 1"，如图 1-39 所示。单击"确定"按钮，返回"题注"对话框。此时"题注"文本框中的内容由"表 1"变为"表 3-1"。单击"确定"按钮添加了表的题注。

23

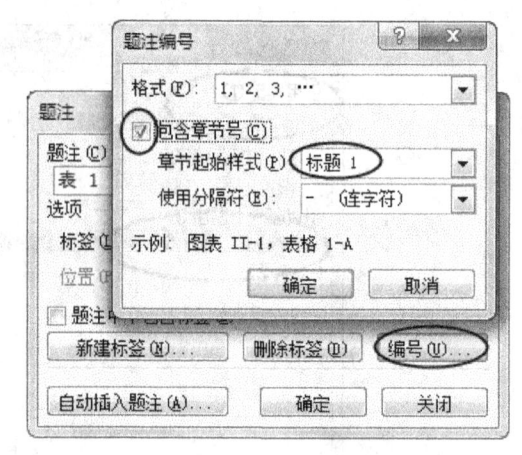

图 1-38　新建标签 "表"　　　　　　　图 1-39　选中 "包含章节号"

（注意：为了使表的题注更加规范，可在题注和表的说明文字之间插入一个空格。）

步骤 5：选中该题注，单击"开始"选项卡 "段落"选项组中的"居中"按钮，将表题注居中。单击" "选中该表（注意选取表格而不是只选中表格中的文字），单击"开始"选项卡 "段落"选项组中的"居中"按钮 。

同理，依次设置文档中其余表的题注和对齐方式。

5. 对正文中出现"如表 X-Y 所示"中的"表 X-Y"，使用交叉引用

同 3.中图片的交叉引用的操作方法类似。

步骤 1：选中第一个表格上方的文本"表 X-Y"。

步骤 2：切换到"引用"选项卡，单击"题注"选项组中的"交叉引用"按钮，打开"交叉引用"对话框。在"交叉引用"对话框中，选择如图 1-40 所示的"引用类型"、"引用内容"和"引用哪一个题注"。单击"插入"按钮，并关闭该对话框。

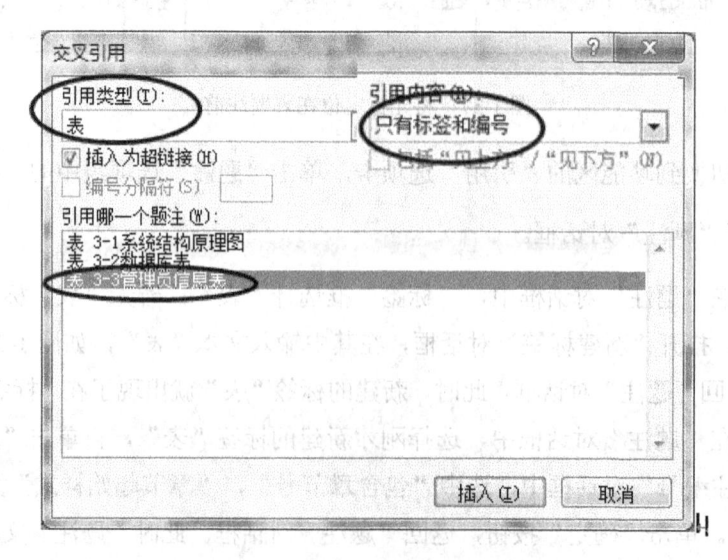

图 1-40　"交叉引用"对话框

同理，依次对文档中其余表格设置交叉引用。

6. 在前言前按序插入三节，并使用 Word 提供的功能，自动生成目录、图索引和表索引

（1）生成目录

步骤 1：将光标定位在"前言"前面，如图 1-41 所示。

图 1-41　光标定位处

步骤 2：切换到"页面布局"选项卡，单击"页面设置"选项组中的"分隔符"按钮，在弹出的菜单中选择分节符"下一页"，如图 1-42 所示。

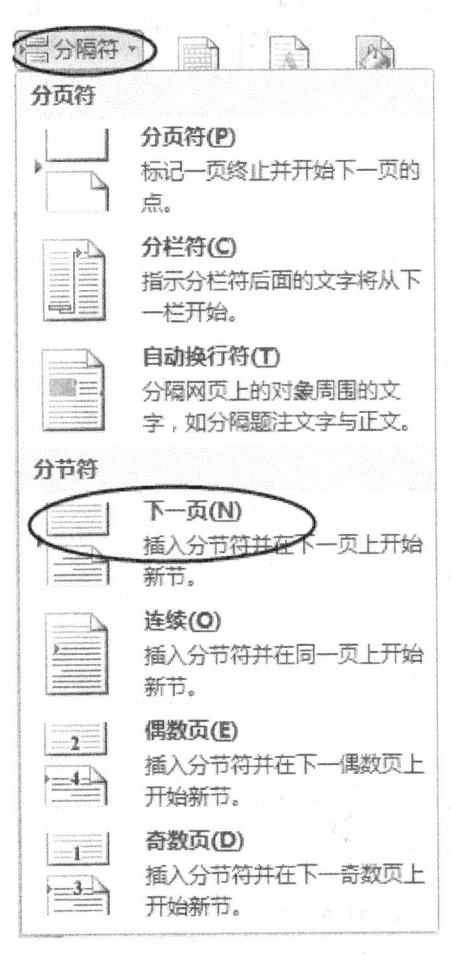

图 1-42　插入"下一页"分隔符

步骤 3：在新插入的节的开始位置，输入文本"目录"，此时"目录"前自动出现了"第 1 章"字样（即应用了"标题 1"的样式），如图 1-43 所示。单击鼠标选中目录的章序号"第 1 章"，按 Delete 键删除。

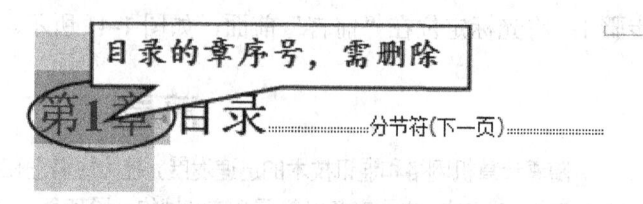

图 1-43　输入"目录"

步骤 4：将光标定位在"目录"后，按回车键 2 次，产生换行。

步骤 5：切换到功能区的"引用"选项卡，单击"目录"选项组中的"目录"按钮，在弹出的菜单中选择"插入目录"命令（如图 1-44 所示），打开"目录"对话框。

图 1-44　"目录"菜单

步骤 6：在"目录"对话框中选择"目录"选项卡，确认已选中"显示页码"和"页码右对齐"复选框，并将"显示级别"改为"3"，如图 1-45 所示。单击"确定"按钮，即可自动生成目录项（注意：目录中若出现了除标题 1、标题 2 和标题 3 之外的项目，可手动删除。）。

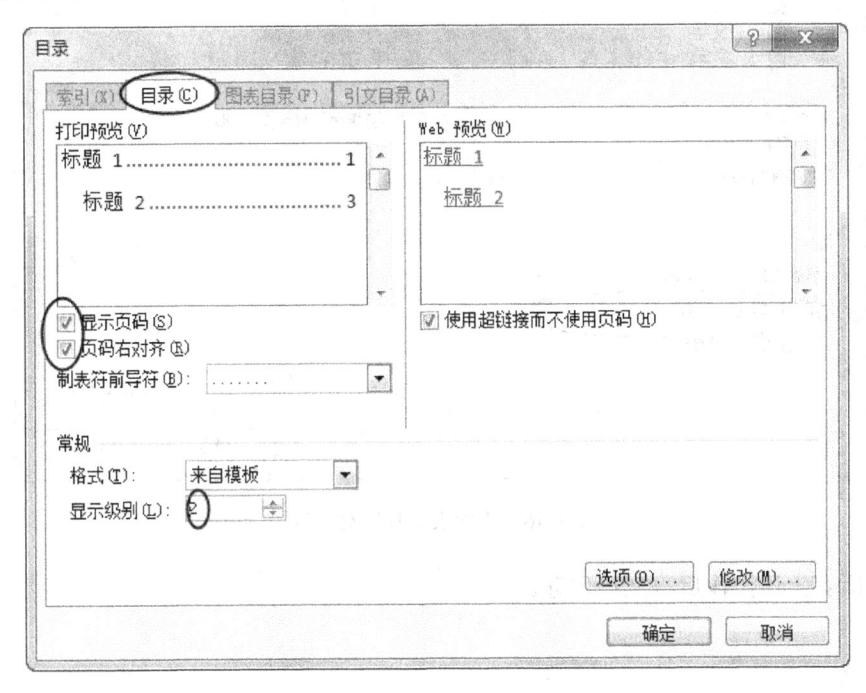

图 1-45 "目录"对话框

（2）生成图索引

与"生成目录"操作步骤类似。

步骤 1：将光标定位在"前言"前面。

步骤 2：切换到"页面布局"选项卡，单击"页面设置"选项组中的"分隔符"按钮，在弹出的菜单中选择"下一页"分节符。

步骤 3：在新插入的节的开始位置，输入文本"图索引"，此时"图索引"前自动出现了"第 1 章"字样（即应用了"标题 1"的样式）。单击鼠标选中图索引的章序号"第 1 章"，按 Delete 键删除。

步骤 4：将光标定位在"图索引"后，按 2 次回车键，产生换行。

步骤 5：切换到功能区的"引用"选项卡，单击"题注"选项组中的"插入表目录"按钮，打开"图表目录"对话框。选择"题注标签"为"图"，如图 1-46 所示，单击"确定"按钮，自动生成图索引项。

（3）生成表索引

与"生成图索引"操作相同，只需更改"题注标签"为"表"即可。

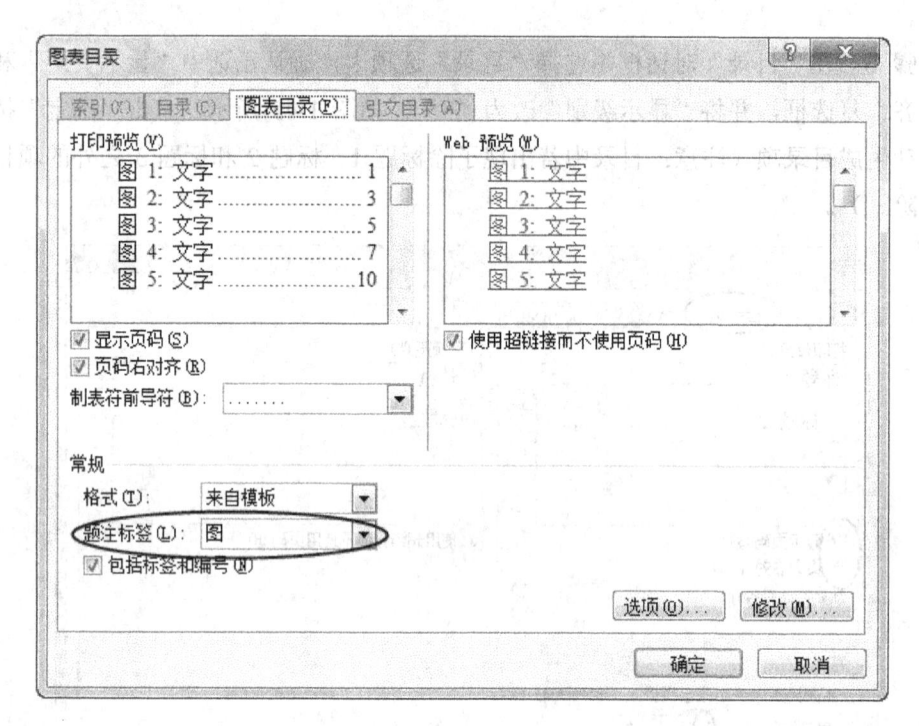

图 1-46 "图表目录"对话框

完成所有上述操作后将文档保存。

三、练习

建立文档"都市.docx",该文档共由两页组成。要求如下。

(1) 第一页内容如下:

第 1 章　浙江

1.1　杭州和宁波

第 2 章　福建

2.1　福州和厦门

第 3 章　广东

3.1　广州和深圳

要求:章和节的序号为自动编号(多级符号),分别使用样式"标题 1"和"标题 2"。

(2) 新建样式"fujian",使其与样式"标题 1"在文字外观上完全一致,但不会自动添加到目录中,并应用于"第 2 章　福建"。

(3) 在文档的第二页中自动生成目录。

(4) 对"宁波"添加一条批注,内容为"海港城市";对"广州和深圳"添加一条修订,删除"和深圳"。

任务 1.3　节、页眉、页脚、域和页码

一、实验目的

（1）掌握页眉与页脚设置，包括页眉页脚位置、页眉内容设置、奇偶页不同等。

（2）掌握分隔符的概念及插入各种分隔符，包括节及节的起始页、分页符等。

（3）掌握域的概念，能按要求创建域、插入域、更新域。常用的域有：Page 域[当前页码]、NumPages 域[文档页数]、Section 域[目前节次]、TOC 域[目录]、TC 域[目录项]、Index 域[索引]、StyleRef 域[指定样式文本]、CreateDate 域[文档创建日期]、Author 域[文档作者]、NumWords[文档字数]。

（4）掌握正确使用页码，包括插入页码、页数，设置页码格式。

二、实验内容及操作步骤

打开文件"毕业设计.docx"，完成以下工作。

1. 使用适合的分节符，对正文进行分节。添加页脚，使用域插入页码，居中显示

（1）正文中每章为单独一节，页码总是从奇数页开始。

操作步骤如下。

步骤 1：将光标定位在"前言"前面。

步骤 2：切换到"页面布局"选项卡，单击"页面设置"选项组中的"分隔符"按钮，在弹出的"分隔符"下拉菜单中选择"奇数页"分节符，如图 1-47 所示。

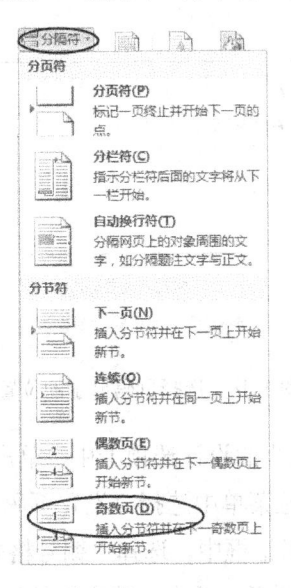

图 1-47　插入"奇数页"分隔符

步骤3：按同样的操作方法给其余各章插入"奇数页"分隔符。

（2）正文前的节（目录、图索引和表索引所在的节，论文封面和摘要页不加页码），页码采用"i，ii，iii，…"格式，页码连续。

操作步骤如下。

步骤1：将光标定位在正文前的节中，如目录所在的页。

步骤2：切换到功能区的"插入"选项卡，在"页眉和页脚"选项组中单击"页码"按钮，在弹出的菜单中选择位置合适的页码显示（如图1-48所示）。此时功能区中显示了"页眉和页脚工具"设计选项卡。

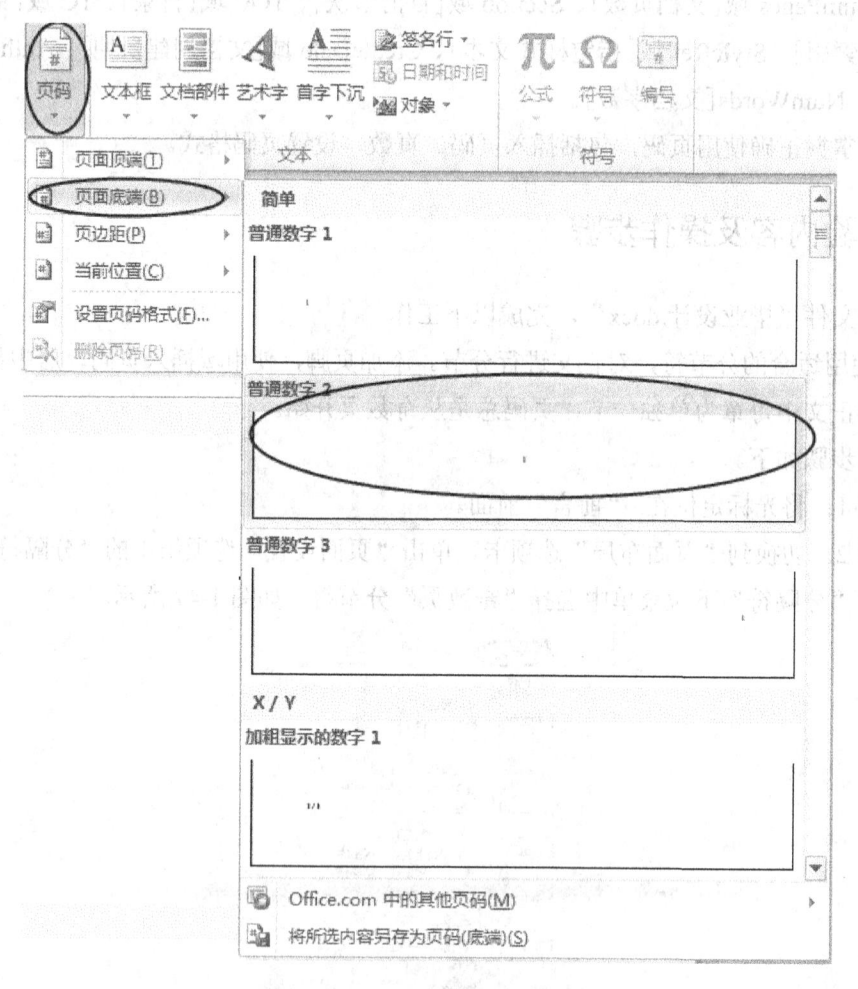

图1-48 选择页码显示的位置

步骤3：在"页眉和页脚工具"的设计选项卡中，单击"页眉和页脚"选项组中的"页码"按钮，在弹出的"页码"下拉菜单中选择"设置页码格式"命令（如图1-49所示），打开"页码格式"对话框。在该对话框中，选择"编号格式"为"i，ii，iii，…"，并设置"起始页码"为"i"，如图1-50所示。单击"确定"按钮。

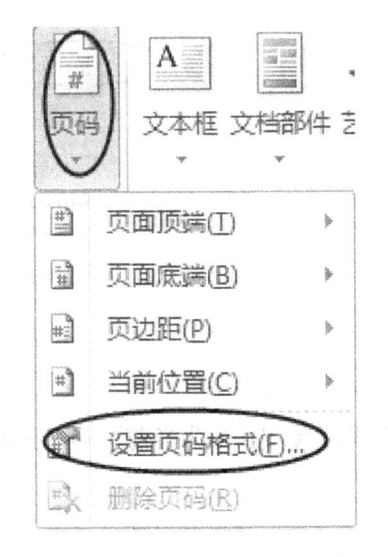

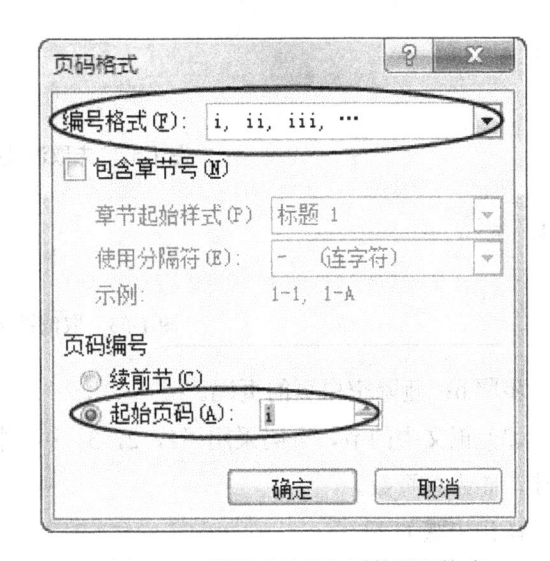

图 1-49 "页码"菜单　　　　　图 1-50 设置"目录"页的页码格式

步骤 4：将光标定位于"图索引"页的页脚处（此时可看到已有页码插入，但是格式不对）。单击"页眉和页脚"选项组中的"页码"按钮，在弹出的"页码"下拉菜单中选择"设置页码格式"命令，打开"页码格式"对话框。选择"编号格式"为"i, ii, iii, …"，并选择"页码编号"为"续前节"，如图 1-51 所示。单击"确定"按钮。

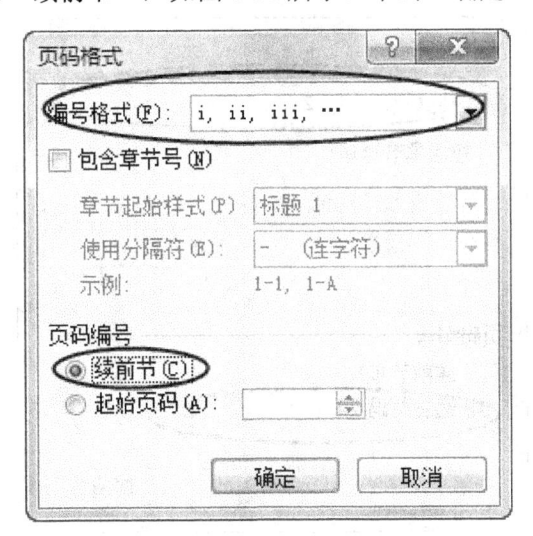

图 1-51 设置"图索引"页的页码格式

同理，设置"表索引"页的页码格式。

步骤 5：（正文之前无空白页，不需要步骤 5、步骤 6）这时正文之前可能出现一页空白页，则将光标定位在空白页页脚的页码处，单击"导航"选项组中的"链接到前一条页眉"按钮 ，使之处于未选中状态，取消与上一节相同的格式，原本显示的文本"与上一节相同"会消失（比较图 1-52 与图 1-53 的不同之处）。

31

图 1-52　未取消链接的页脚

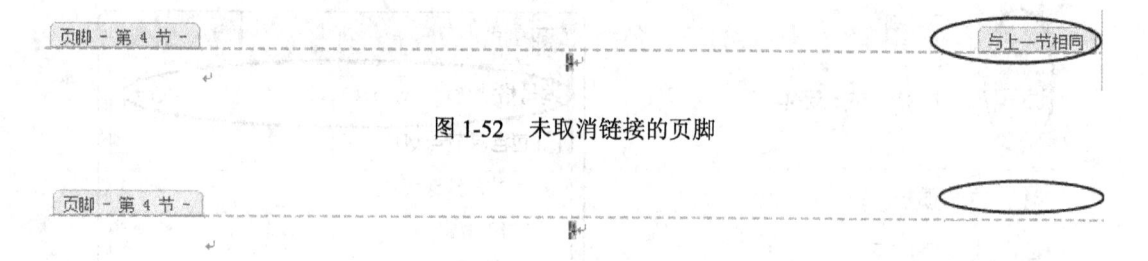

图 1-53　取消链接的页脚

步骤 6：删除空白页的页码。

（3）正文中的节，页码采用"1，2，3，…"格式，形式为 X/Y，X 为当前页码，页码连续，Y 为总页数。

操作步骤如下。

步骤 1：将光标定位于正文第 1 页的页脚处，单击"导航"选项组中的"链接到前一条页眉"按钮，取消与上一节相同的格式。

步骤 2：单击"页眉和页脚"选项组中的"页码"按钮，在弹出的"页码"下拉菜单中选择"设置页码格式"命令，打开"页码格式"对话框。选择"编号格式"为"1，2，3，…"，并设置"起始页码"为"1"，如图 1-54 所示。单击"确定"按钮。

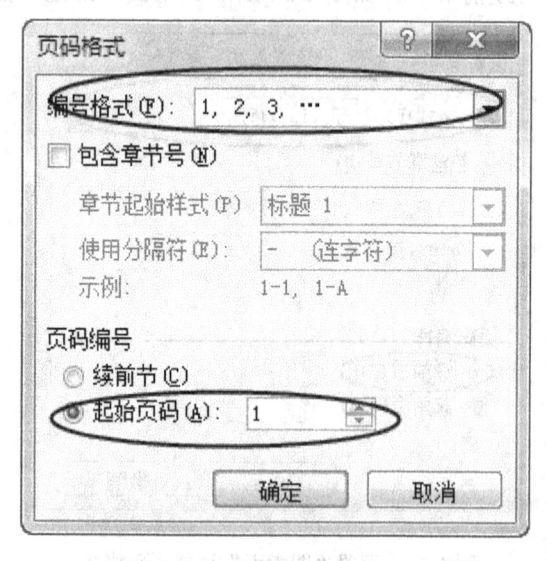

图 1-54　设置正文页码格式

步骤 3：再次单击"页眉和页脚"选项组中的"页码"按钮，在弹出的"页码"下拉菜单中选择"页面底端"下的居中显示的页码，如图 1-55 所示，这时在页脚处会现页码 1。

步骤 4：在 1 后输入"/"，将光标定位"/"后，切换到"插入"选项卡，在"文本"选项组中的单击"文档部件"按钮，在弹出的菜单中选择"域"命令（如图 1-56 所示），打开"域"对话框。

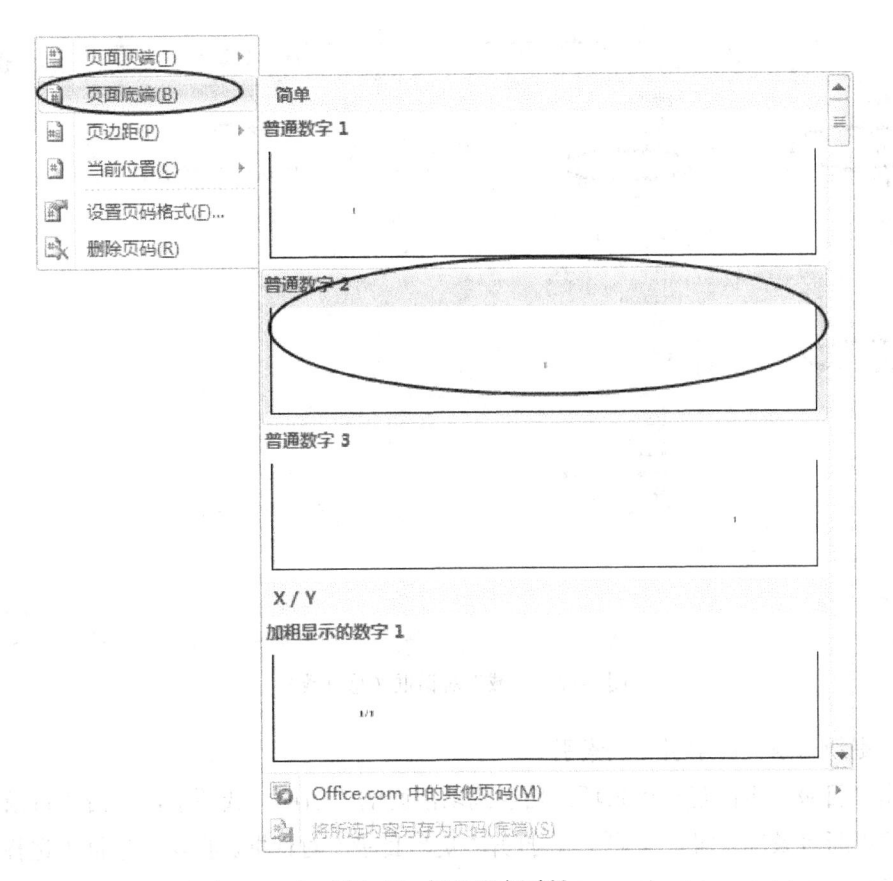

图 1-55 插入正文页码

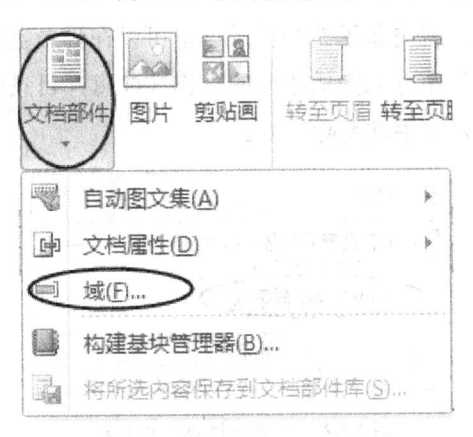

图 1-56 选择"域"命令

步骤 5：在"域"对话框中，选择"类别"为"文档信息"；"域名"为"NumPages"；"样式名"为"1，2，3，…"，如图 1-57 所示。单击"确定"按钮，插入了总页数。单击"关闭"选项组中的"关闭页眉和页脚"按钮，返回到正文编辑状态，也可以在正文任意地方双击鼠标返回到正文编辑状态。

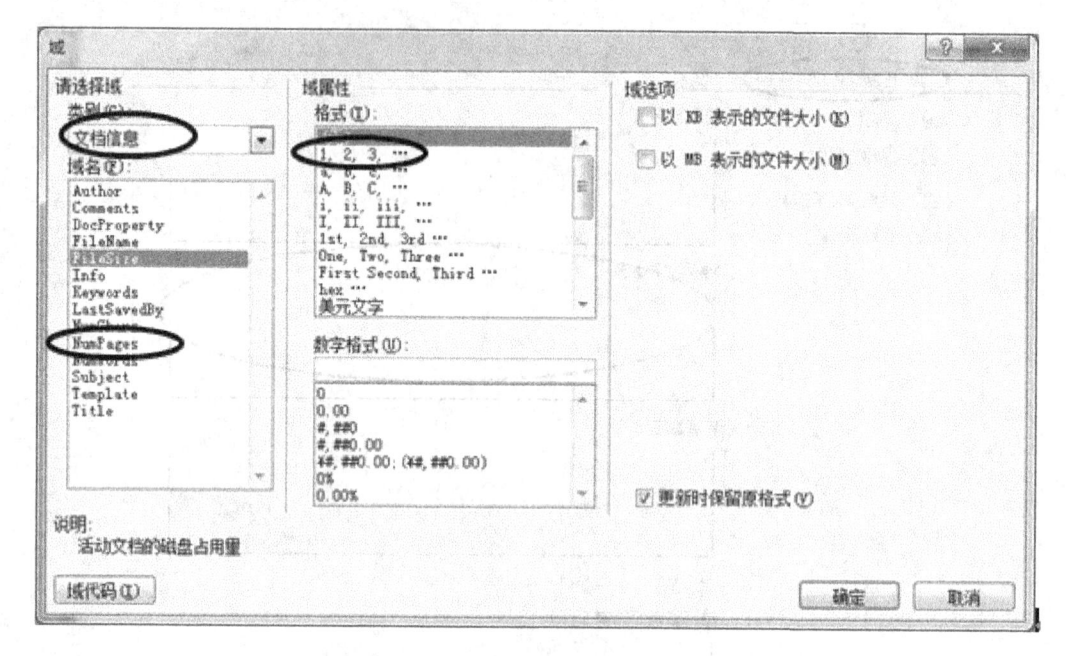

图 1-57 "域"对话框(总页数)

(4) 更新目录、图索引和表索引。

单击"目录"页的任一目录项,切换到功能区的"引用"选项卡,单击"目录"选项组中的"更新目录"按钮 更新目录,打开"更新目录"对话框。在该对话框中选择"更新整个目录"单选按钮(若文档中未增加新的目录项,则可选择"只更新页码"),如图 1-58 所示。单击"确定"按钮后就更新了整个目录;也可以在目录上单击鼠标右键,在打开的快捷菜单中选择"更新域"命令来完成相同的操作(注意:目录中若出现了除标题 1、标题 2 和标题 3 之外的项目,可手动删除。)。

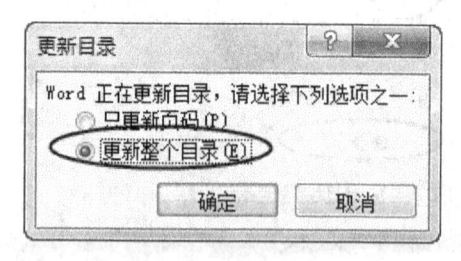

图 1-58 "更新目录"对话框

同理,依次更新"图索引"目录和"表索引"目录。提示:若目录或索引的内容有改变选择"更新整个目录";若只想改变页码而目录索引项不变则选择"只更新页码"。

2. 添加正文的页眉。使用域,按以下要求添加内容,居中显示

(1) 对于奇数页,页眉中的文字为"章序号"+"章名"。

操作步骤如下。

步骤 1:双击正文第一页的页眉区,进入页眉编辑状态(此时显示了"页眉和页脚工

具"设计选项卡)。

步骤 2:选中"选项"选项组中的"奇偶页不同"复选框(注:也可以在页面设置中设置奇偶页不同)。单击"导航"选项组中的"链接到前一条页眉"按钮 链接到前一条页眉,取消与上一节相同的格式。

步骤 3:在"页眉和页脚工具"设计选项卡中,单击"插入"选项组中的"文档部件"按钮,在弹出的菜单中选择"域"命令(如图 1-59 所示),打开"域"对话框。

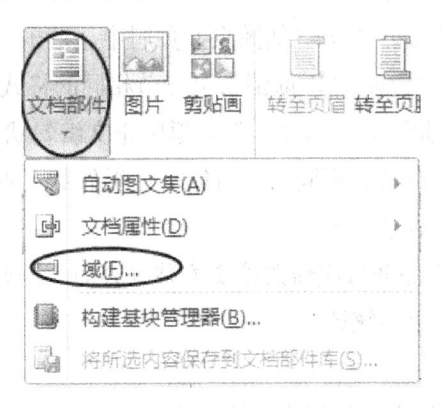

图 1-59 选择"域"命令

步骤 4:在"域"对话框中,选择"类别"为"链接和引用";"域名"为"StyleRef";"样式名"为"标题 1";"域选项"选中"插入段落编号"复选框,如图 1-60 所示。单击"确定"按钮,插入了章序号。

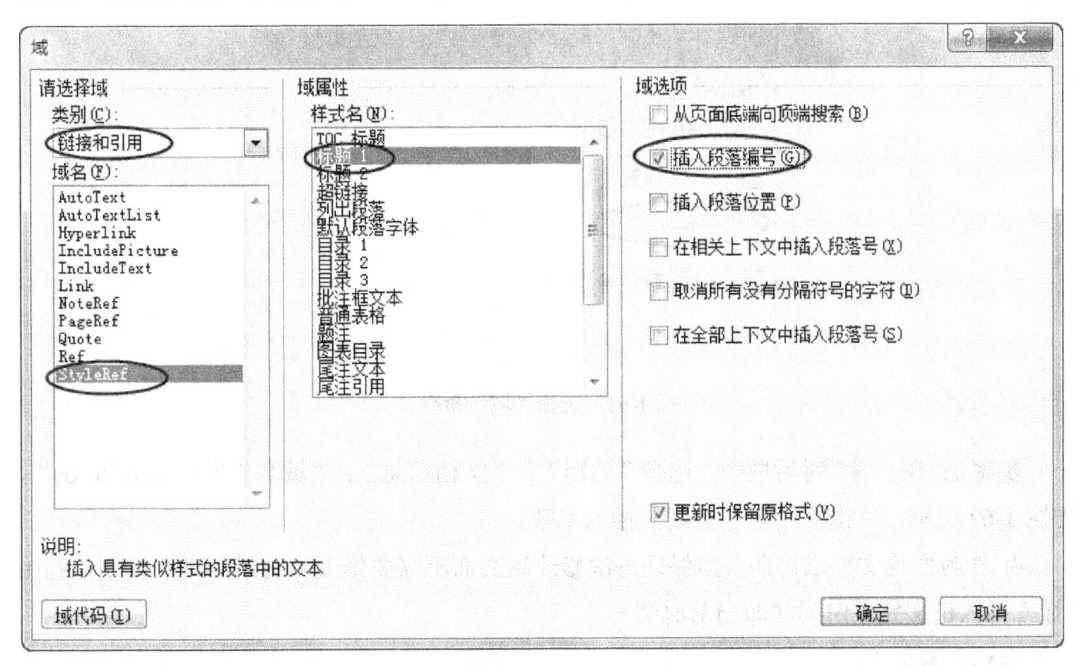

图 1-60 "域"对话框(插入章序号)

步骤5：重复步骤3，在打开的"域"对话框中设置图1-60所示的"类别"、"域名"和"样式名"，不同之处为："域选项"下不选择"插入段落编号"复选框。单击"确定"按钮，插入了章名。

（注意：为规范起见，在"章序号"和"章名"之间插入一个空格。）

（2）对于偶数页，页眉中的文字为"本科毕业设计（论文）"。

操作步骤如下。

步骤1：将光标定位正文第2页（偶数页）页眉中，单击"导航"选项组中的"链接到前一条页眉"按钮 ，取消与上一节相同的格式。

步骤2：输入"本科毕业设计（论文）"，返回正文编辑状态即可。

注：由于前面设置了"奇偶页不同"，可能会使得偶数页页脚处没有页码显示。此时只需在偶数页脚中再次插入居中页码。

3. 在封面论文字数，为保证每次修改论文增减内容而不需要重新统计统计论文字数，利用"域"统计论文字数（粗略统计）

操作步骤如下。

步骤1：将光标定位在论文字数后面的横线上。

步骤2：在"页眉和页脚工具"设计选项卡中，单击"插入"选项组中的"文档部件"按钮，在弹出的菜单中选择"域"命令（如图1-61所示），打开"域"对话框。

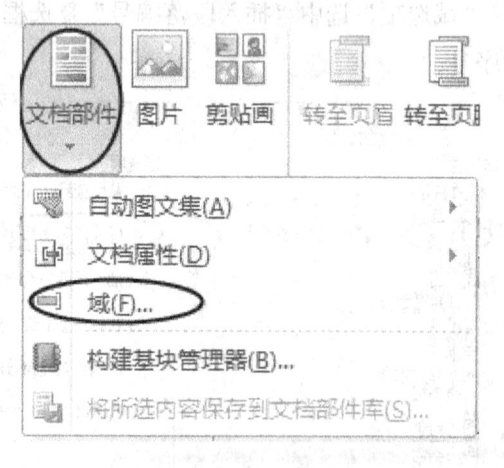

图1-61 选择"域"命令

步骤3：在"域"对话框中，选择"类别"为"文档信息"；"域名"为"NumWords"，如图1-62所示。单击"确定"按钮，插入字数。

4. 在封面论文完成日期，为保证每次修改论文而不需要修改论文最后完成日期，利用"域"插入论文完成时间（即当前时间）

操作步骤如下。

步骤1：将光标定位在论文完成日期后面的横线上。

步骤 2：在"页眉和页脚工具"设计选项卡中，单击"插入"选项组中的"文档部件"按钮，在弹出的菜单中选择"域"命令（如图 1-63 所示），打开"域"对话框。

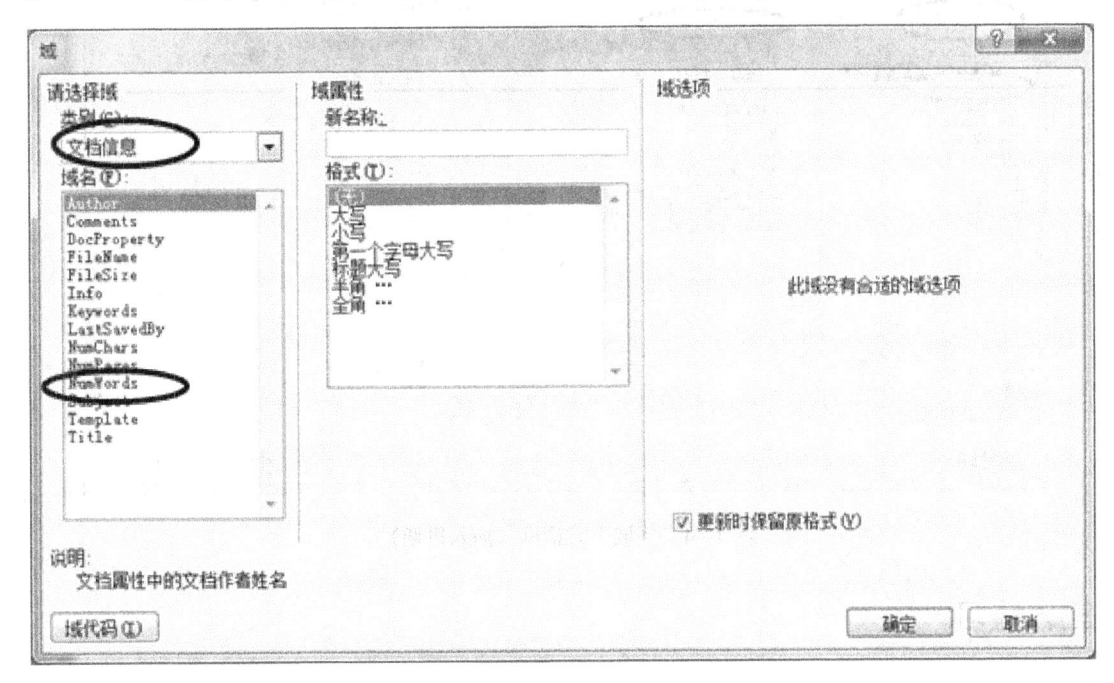

图 1-62 "域"对话框（插入字数）

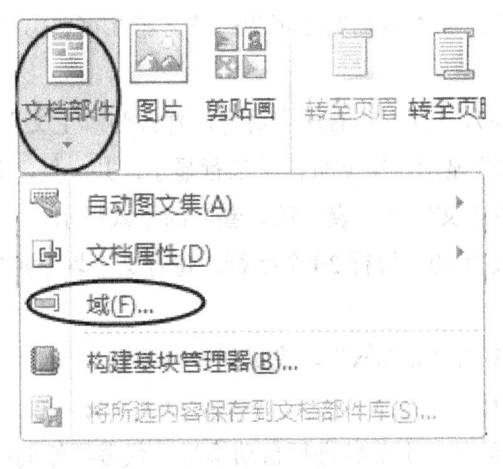

图 1-63 选择"域"命令

步骤 3：在"域"对话框中，选择"类别"为"日期和时间"；"域名"为"Date"，并在日期格式中输入"YYYY 年 M 月 D 日"（若要使用其他默认日期格式则从提供的格式中选择需要的格式），如图 1-64 所示。单击"确定"按钮，插入当前时间。

注：插入其他域方法同 NumPages 域、StyleRef 域、NumWords 域和 Date 域，这里就不再赘述。

完成上述所有操作后保存文档。

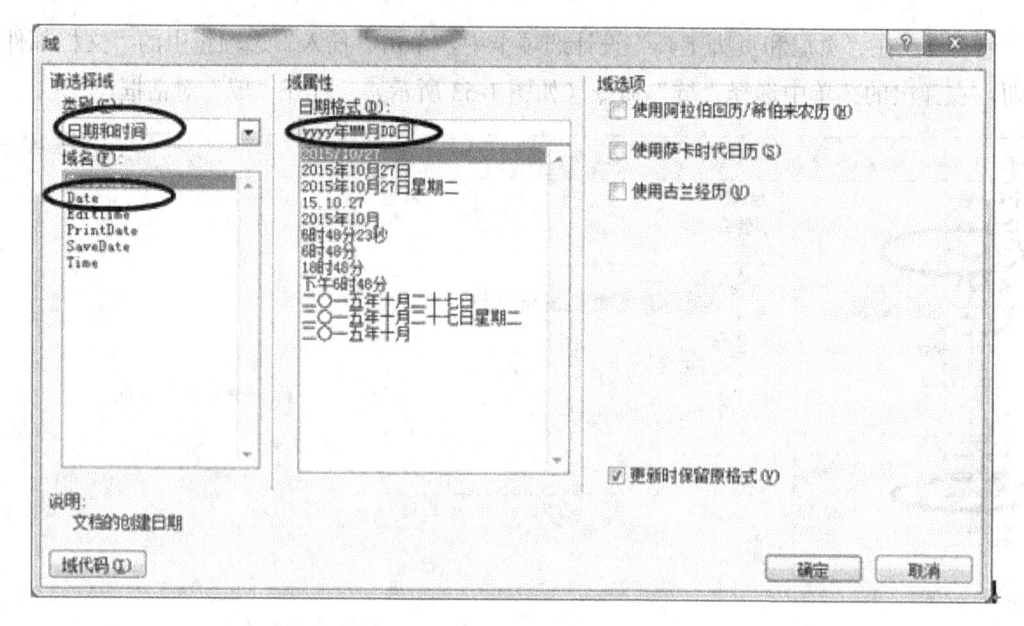

图 1-64 "域"对话框(插入日期)

三、练习

1. 建立文档"MyDoc.docx",共有两页组成。要求:

(1) 文档总共有 6 页,第 1 页和第 2 页为一节,第 3 页和第 4 页为一节,第 5 页和第 6 页为一节。

(2) 每页显示内容均为三行,左右居中对齐,样式为"正文"。第一行显示:第 x 节(使用域 Section);第二行显示:第 y 页;第三行显示:共 z 页。其中,x,y,z 是使用插入的域自动生成的,并以中文数字(壹、贰、叁)的形式显示。

(3) 每页行数均设置为 40,每行 30 个字符。每行文字均添加行号,从"1"开始,每节重新编号。

2. 打开文档"任务 3 练习 2.docx",完成以下练习题。

(1) 对正文进行排版。

① 使用多级符号对章名、小节名进行自动编号,代替原始的编号。要求如下:

* 章号的自动编号格式为:第 X 章(例:第 1 章),其中 X 为自动排序。阿拉伯数字序号。对应级别 1。居中显示。

* 小节名自动编号格式为:X.Y,X 为章数字序号,Y 为节数字序号(例:1.1),X、Y 均为阿拉伯数字序号,对应级别 2。左对齐显示。

② 新建样式,样式名为:"样式"+考生准考证号后 5 位。其中,

* 字体:中文字体为"楷体",西文字体为"Time New Roman",字号为"小四"。

* 段落:首行缩进 2 字符,段前 0.5 行,段后 0.5 行,行距 1.5 倍;两端对齐,其余格

式,默认设置。

③ 对正文的图添加题注"图",位于图下方,居中。要求如下。

* 编号为"章序号"-"图在章中的序号",(例如第 1 章中第 2 幅图,题注编号为 1-2)。

* 图的说明使用图下一行的文字,格式同编号。

* 图居中。

④ 对正文中出现"如下图所示"的"下图"两字,使用交叉引用。将"下图"改为"图 X-Y",其中"X-Y"为图题注的编号。

⑤ 对正文中的表添加题注"表",位于表上方,居中。

* 编号为"章序号"-"表在章中的序号",例如,第 1 章中第 1 张表,题注编号为 1-1。

* 表的说明使用表上一行的文字,格式同编号。

* 表居中,表内文字不要求居中。

⑥ 对正文中出现"如下表所示"中的"下表"两字,使用交叉引用。将"下表"改为"表 X-Y",其中"X-Y"为表题注的编号。

⑦ 正文中首次出现"Photoshop"的地方插入脚注。添加文字"Photoshop 由 Michigan 大学的研究生 Thomas 创建"。

⑧ 将②中的样式应用到正文中无编号的文字,不包括章名、小节名、表文字、表和图的题注、尾注。

(2)在正文前按序插入三节,使用 Word 提供的功能,自动生成如下内容。

① 第 1 节:目录。其中,"目录"使用样式"标题 1",并居中;"目录"下为目录项。

② 第 2 节:图索引。其中,"图索引"使用样式"标题 1",并居中;"图索引"下为图索引项。

③ 第 3 节:表索引。其中,"表索引"使用样式"标题 1",并居中;"表索引"下为表索引项。

(3)使用适合的分节符,对正文进行分节。添加页脚,使用域插入页码,居中显示。要求如下。

① 正文前的节,页码采用"i,ii,iii,…"格式,页码连续。

② 正文中的节,页码采用"1,2,3,…"格式,页码连续。

③ 正文中每章为单独一节,页码总是从奇数页开始。

④ 更新目录、图索引和表索引。

(4)添加正文的页眉。使用域,按以下要求添加内容,居中显示。其中,

① 对于奇数页,页眉中的文字为:章序号 章名,例如:第 1 章 XXX。

② 对于偶数页,页眉中的文字为:节序号 节名,例如:1.1 XXX。

任务 1.4　邮件合并

一、实验目的

（1）掌握在 Word 中邮件合并功能的使用方法。
（2）掌握页面设置，包括多页设置、纸张大小、纸张方向、页面对齐方式等。
（3）掌握节的使用。

二、实验内容及操作步骤

问题描述：又到了毕业季，湖州师范学院计算机专业学生在毕业之即举行毕业晚会，要邀请全系老师参加他们的晚会，为表诚意学生决定自制一份邀请函，并向全体教师发出邀请。

毕业生利用所学高级办公自动课程知识设计了邀请赛函，具体格式如下：

（1）在一张 A4 纸上，正反面书籍折页打印，横向对折后，从右侧打开。
（2）页面（一）和页面（四）打印在 A4 纸的同一面；页面（二）和页面（三）打印在 A4 纸的另一面。
（3）四个页面要求一次显示如下内容：

➢ 页面（一）显示"邀请函"三个字，上下左右均居中对齐显示，竖排，字体为隶书，72 号。

➢ 页面（二）显示两行文字，行（一）"XXX 老师："，行（二）"晚会定于 2015 年 6 月 14 日，在大学生活动中心举行，敬请光临。"文字横排。

➢ 页面（三）显示"晚会安排"，文字横排，居中，应用样式"标题 1"。

➢ 页面（四）显示两行文字，行（一）为"2015 年 6 月 14 日"，行（二）为"大学生活动中心"。竖排，左右居中显示。

（4）利用邮件合并功能，为全系每一位老师生成一份邀请函打印后送给到每一位老师，同时也以电子邮件形式发给每一位老师。

1. 设计邀请函

操作步骤如下。

步骤 1：新建一个空白文档。切换到功能区的"页面布局"选项卡，单击"页面设置"组中的"页面设置"按钮，打开"页面设置"对话框。在"页边距"选项卡中，页码范围选择"多页"下的"反向书籍折页"；在"纸张"选项卡中，"纸张大小"选择"A4"。单击"确定"按钮完成设置。

步骤 2：单击"页面设置"组中的"分隔符"按钮，在弹出的菜单中选择"下一页"。

重复该步骤 2 次，插入 3 页。

步骤 3：在第 1 页中，输入页面（一）的内容"邀请函"。

步骤 4：选中文本"邀请函"，切换功能区中的"开始"选项卡。在"字体"组中设置其字体和字号；在"段落"组中设置其居中方式。

步骤 5：切换到功能区的"页面布局"选项卡，单击"页面设置"组中的"页面设置"按钮，打开"页面设置"对话框。在"版式"选项卡中，设置页面的"垂直对齐方式"为"居中"，"应用于"中选择"本节"；在"文档网格"选项卡中，设置"文字排列方向"为"垂直"，"应用于"中选择"本节"。单击"确定"按钮完成设置。

步骤 6：在第 2 页中，输入页面（二）的内容。

步骤 7：在第 3 页中，输入页面（三）的内容，使其居中并应用"标题 1"样式。

步骤 8：在第 4 页中，输入页面（四）的内容。设置方法同步骤 5。

步骤 9：切换到功能区的"文件"选项卡，选择"打印"菜单。选择"手动双面打印"，并输入页数，如图 1-65 所示。

步骤 10：将文档保存，文件名为邀请函.docx。

图 1-65 设置打印方式

2. 创建老师信息 Excel 表格 teacher.xlsx

创建的老师信息表如图 1-66 所示。

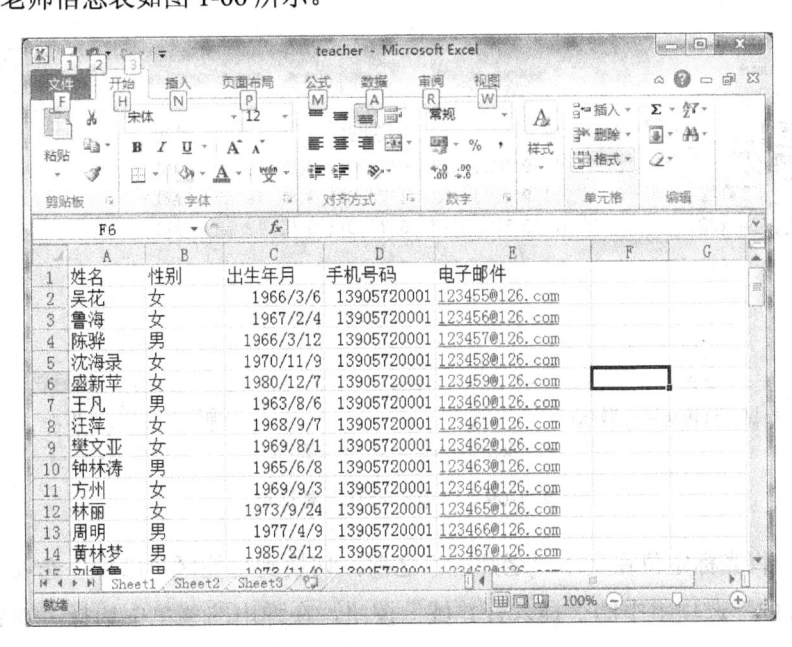

图 1-66 老师信息表

3. 将 Excel 中老师合并到邀请函中

操作步骤如下。

步骤 1：切换到功能区中的"邮件"选项卡，单击"开始邮件合并"选项组中的"开始邮件合并"按钮，在弹出的菜单中选择"信函"命令，如图 1-67 所示。

步骤 2：单击"选择收件人"按钮，在弹出的菜单中选择"使用现有列表"命令（如图 1-68 所示），打开"选取数据源"对话框。

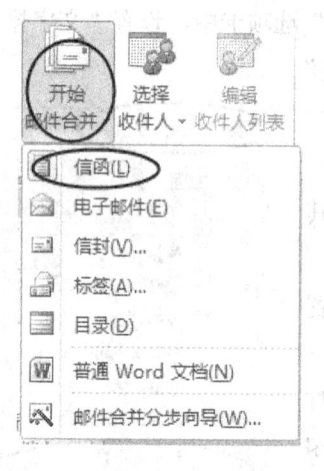

图 1-67　"开始邮件合并"菜单　　　　图 1-68　"选择收件人"菜单

步骤 3：在"选取数据源"对话框中，选择新建的数据源文档 teacher.xlsx。再单击"打开"按钮，打开"选择表格"对话框，在该对话框中选择"Sheet1$"（如图 1-69 所示），单击"确定"按钮。

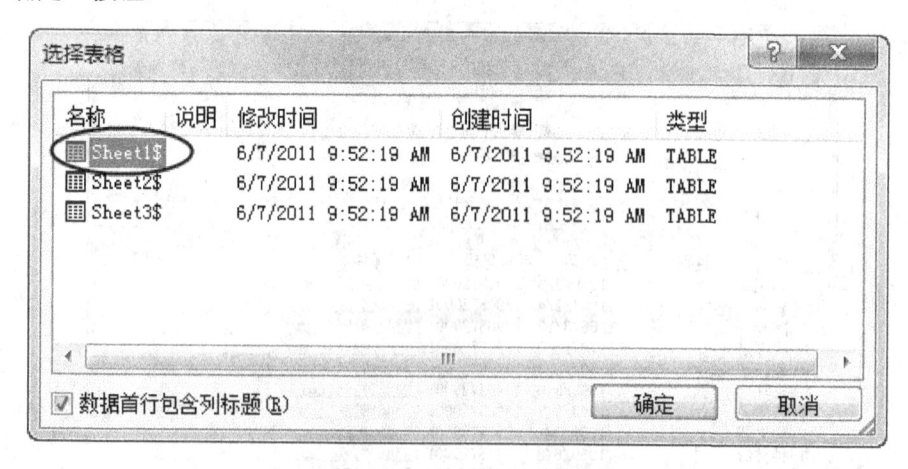

图 1-69　"选择表格"对话框

步骤 4：将光标定位在文本"老师："之前，切换到功能区"邮件"选项卡下，单击"编写和插入域"选项组中的"插入合并域"按钮，在弹出的菜单中选择"姓名"，如图 1-70 所示。

此时，文本"老师："之前出现了"《姓名》"。

步骤 5：单击"完成"选项组中的"完成并合并"按钮，在弹出的菜单中选择"编辑单个文档"命令（如图 1-71 所示），打开"合并到新文档"对话框。在该对话框中确认选择单选按钮"全部"（如图 1-72 所示），单击"确定"按钮，生成一个合并后的新文档（该新文档的各页面分别保存了各个老师的情况，默认的文件名为"信函 1"）。

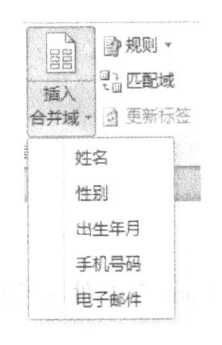

图 1-70　"插入合并域"菜单　　　　　　　　　图 1-71　"完成并合并"菜单

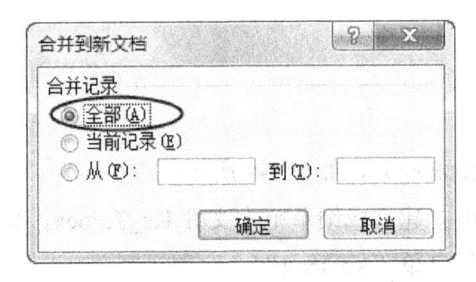

图 1-72　"合并到新文档"对话框

步骤 6：将新文档保存名为"老师邀请函.docx"。

4. 将 Excel 中老师合并到邀请函电子邮件中

操作步骤如下。

步骤 1~步骤 4：同上。

步骤 5：单击"完成"选项组中的"完成并合并"按钮，在弹出的菜单中选择"发送电子邮件"命令（如图 1-73 所示），打开"合并到电子邮件"对话框。在该对话框中确认选择单选按钮"全部"（如图 1-74 所示），单击"确定"按钮即可。

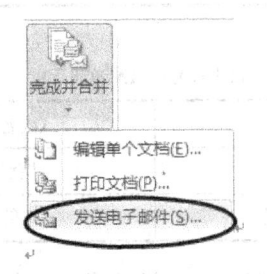

图 1-73　"完成并合并"菜单

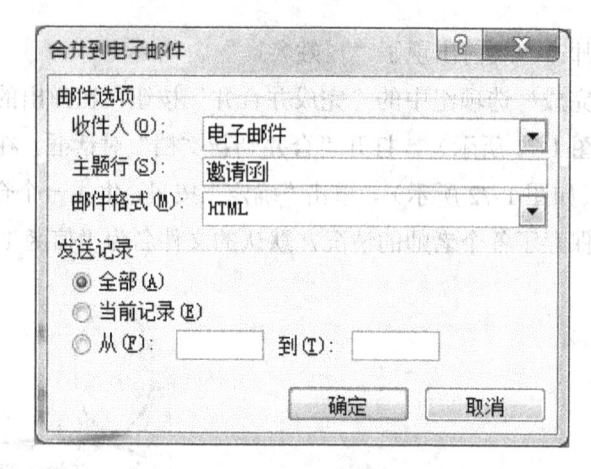

图 1-74 "发送电子邮件"对话框

注：要能正确发送电子邮件必须在你的计算机上安装如 OutLook 等邮件收发软件，否则不能将邮件发送出去。

三、练习

邮件合并，要求：

（1）建立考生信息（Ks.xlsx），如表 1-1 所示。

（2）使用邮件合并功能，建立成绩单范本文件 Ks_T.docx，如图 1-75 所示。

（3）生成所有考生的信息单"Ks.docx"。

表 1-1 考生信息表

准考证号	姓名	性别	年龄
8011400001	张三	男	22
8011400002	李四	女	18
8011400003	王五	男	21
8011400004	赵六	女	20
8011400005	吴七	女	21
8011400006	陈一	男	19

准考证号：《准考证号》

姓名	《姓名》
性别	《性别》
年龄	《年龄》

图 1-75 成绩单范本文件

任务 1.5 主控文档、索引

一、实验目的

（1）掌握长文档编辑，包括主控文档、子文档创建、编辑和插入等。
（2）掌握索引操作，包括索引相关概念、索引词条文件、自动化建索引等。

二、实验内容及操作步骤

1. 问题描述

某毕业生在完成毕业论文时，将论文的每一章、论文的封面、参考文献等内容都以一个文件保存在一个名为"毕业论文"的文件夹中进行统一管理，但在打印论文时又碰到了小问题——要打开每一个文件就显得较为烦琐。Word 2010 有什么简便方法呢？"主控文档"就是该问题的解决方法。

操作步骤如下。

步骤 1：打开封面所在的文件作为主控文件。

步骤 2：切换到功能区的"视图"选项卡，单击"文档视图"选项组中的"大纲视图"按钮 ，打开"大纲"选项卡。单击"主控文档"选项组中的"显示文档"按钮 ，展开其余按钮。

步骤 3：单击"主控文档"选项组中的"插入"按钮 ，打开"插入子文档"对话框。在打开的"插入子文档"对话框中，选择"毕业论文"文件夹的下的"前言.docx"文件。单击"打开"按钮。

步骤 4：同理，重复步骤 3，依次把论文的所有子文档插入新文档中，并保存新文档到。

2. 问题描述

某英语老师编写英语教科书。他要对英语文章中的核心词汇做一个单词表。单词表对核心词汇注明中文解释和所在页码。

该老师想到了使用 Word 2010 中的自动索引功能来完成单词表的制作。

操作步骤如下。

步骤 1：打开制作单词表的英语书文件"英语教科书.docx"。

步骤 2：切换到功能区的"引用"选项卡，单击"索引"选项组中的"大纲视图"按钮 ，打开如图 1-76 所示的"索引"对话框。单击"自动标记"，打开如图 1-77 所示的"打开索引自动标记文件"对话框，选择"索引"文件，然后单击"打开"按钮。

步骤 3：重复步骤 2，此时只要单击"确定"按钮，得到如图 1-78 所示单词表。

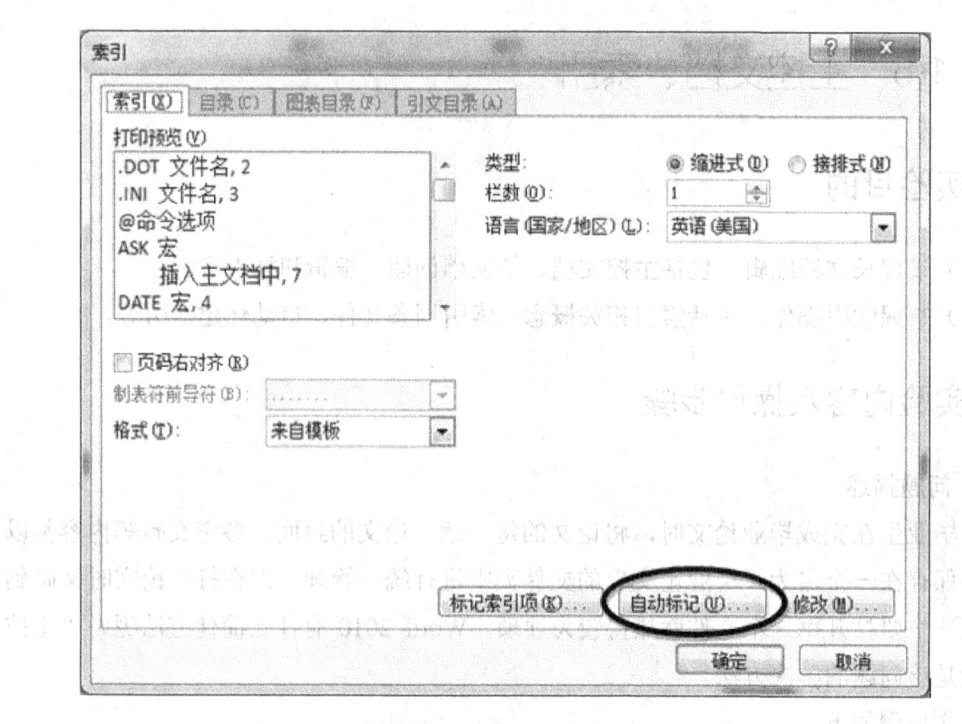

图 1-76 "索引"对话框

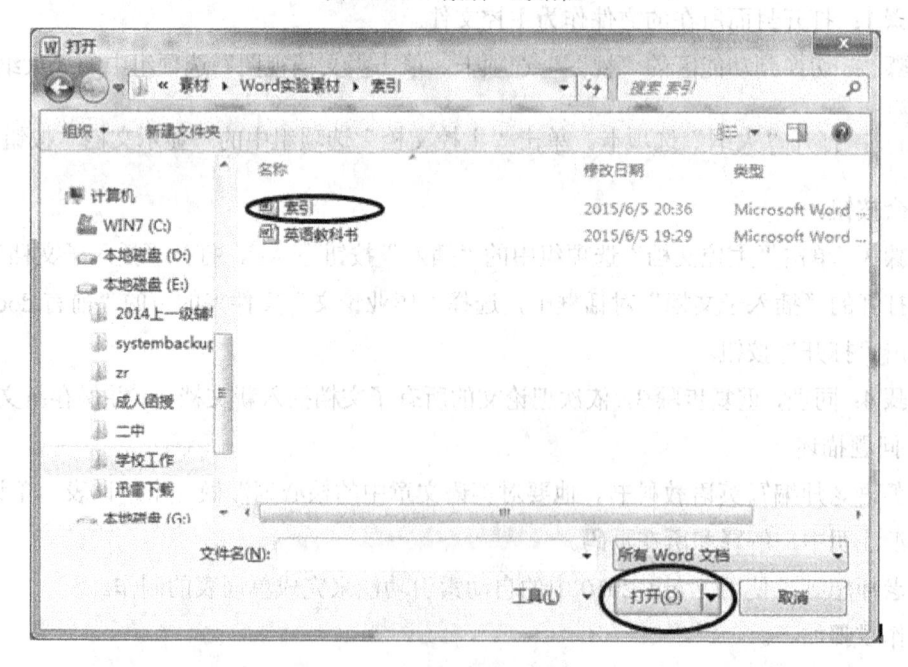

图 1-77 打开索引自动标记文件

contemn 侮辱,蔑视..................1
contend (尤指在争论中)声称,主张,认为1
confer 商讨,协商..................1

perfect 使完善,使完美..................1
discourse 论文..................1

图 1-78 自动索引结果

三、练习

1. 建立主控文档 Main.docx,按序创建子文档 Sub1.docx、Sub2.docx、Sub3.docx。其中:

(1) Sub1.docx 中第一行内容为"Sub^1",第二行内容为文档创建的日期(使用域,格式不限),样式为正文。

(2) Sub2.docx 中第一行内容为"Sub^2",第二行内容为"➡",样式均为正文(提示"➡"符号输入为"==>"输入后会自动变成"➡")。

(3) Sub3.docx 中第一行内容为"办公软件高级应用",样式为正文,将该文字设置为书签(名为 Mark);第二行为空白行;在第三行插入书签 Mark 标记的文本。

2. 在考生文件夹的 Paper/Dword 下,建立文档"考试成绩.docx",该文档有三页,其中:

(1) 第一页中第一行内容为"语文",样式为"标题 1";页面垂直对齐方式为"居中";页面方向为纵向、纸张大小为 16 开;页眉内容设置为"90",居中显示;页脚内容设置为"优秀",居中显示。

(2) 第二页中第一行内容为"数学",样式为"标题 2";页面垂直对齐方式为"顶端对齐";页面方向为横向、纸张大小为 A4;页眉内容设置为"65",居中显示;页脚内容设置为"及格",居中显示;对该页面添加行号,起始编号为"1"。

(3) 第三页中第一行内容为"英语",样式为"正文";页面垂直对齐方式为"底端对齐";页面方向为纵向、纸张大小为 B5;页眉内容设置为"58",居中显示;页脚内容设置为"不及格",居中显示。

模块 2　Excel 2010 高级应用实验

任务 2.1　Excel 数据输入技巧及基本函数使用

一、实验目的

（1）掌握数据的输入技巧，包括分数的输入；负数的输入；文本型数字、序列数据和特殊符号的输入。

（2）掌握数据有效性的设置。

（3）掌握条件格式的使用。

（4）掌握常用函数的使用，包括 SUM、AVERAGE、MAX、MIN 等函数的使用。

（5）掌握数据的舍入方法，包括 INT、ROUND 等函数的使用。

（6）掌握逻辑函数的使用，包括 AND、OR、NOT、IF 函数。

二、实验内容及操作步骤

以下操作全部在"任务 1.xlsx"文件中完成。

1. 输入特殊数据

（1）在工作表"数据输入技巧"的 B1 单元格中输入分数 1/3。

操作方法：将光标定位在 B1 单元格，输入"0 1/3"（输入 0 后先输入一个空格再输入分数）。

（2）在工作表"数据输入技巧"的 B2 单元格中输入-9。

操作方法：将光标定位在 B2 单元格，输入"（9）"或"-9"。

（3）输入文本型的数字：在工作表"数据输入技巧"的 B3 单元格输入自己的身份证号。

操作方法：将光标定位在 B3 单元格，输入"'330501199501010011"（注意：务必在英文状态下输入单引号；观察直接输入身份证号的效果怎样?说明原因。）。

（4）输入特殊符号，如在工作表"数据输入技巧"的 B4 单元格输入"→"等。

操作步骤如下。

步骤 1：将光标定位在 B4 单元格。

步骤 2：在"插入"选项卡中，单击"符号"选项组中的按钮 Ω符号，打开如图 2-1 所示的"符号"对话框，在"子集"中选择"箭头"，再在下面列表中选择"→"，单击"插入"按钮。

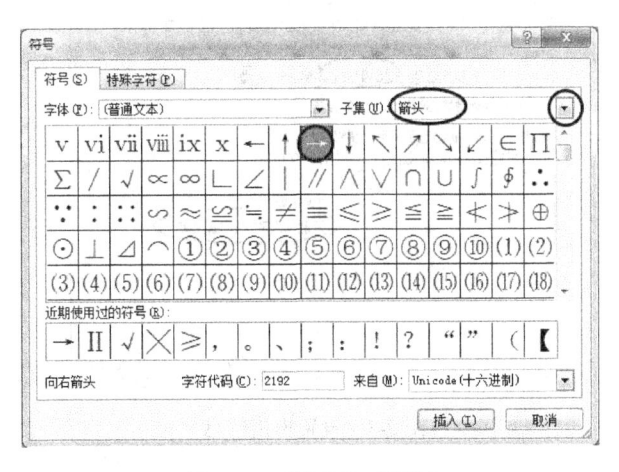

图 2-1　"符号"对话框

2. 数据有效性设置

（1）在工作表"数据输入技巧"的 B5 单元格中设置为只能录入 5 位数字或文本。当录入位数错误时，提示错误原因，样式为"警告"，错误信息为"只能录入 5 位数字或文本"。

操作步骤如下。

步骤 1：选中"数据输入技巧"工作表中的 B5 单元格，切换到功能区的"数据"选项卡。单击"数据工具"选项组中的"数据有效性"的上半部按钮，打开"数据有效性"对话框。

步骤 2：切换到"设置"选项卡，选择"允许"下拉菜单为"文本长度"；选择"数据"下拉菜单为"等于"，并在"长度"文本框中输入"5"，如图 2-2 所示。

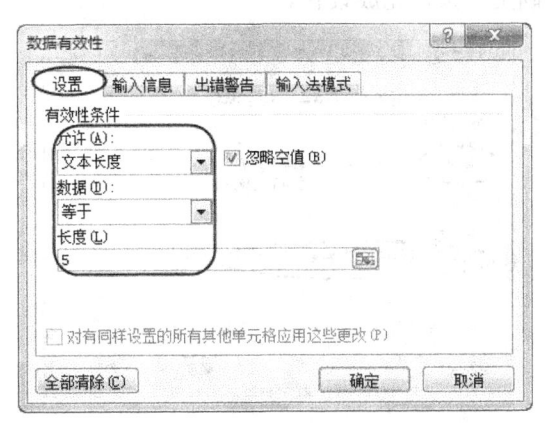

图 2-2　设置数据有效性

步骤 3：再切换到"出错警告"选项卡，选择"样式"下拉菜单为"警告"；在"错误信息"文本框中输入"只能录入 5 位数字或文本"，如图 2-3 所示，单击"确定"按钮完成设置。

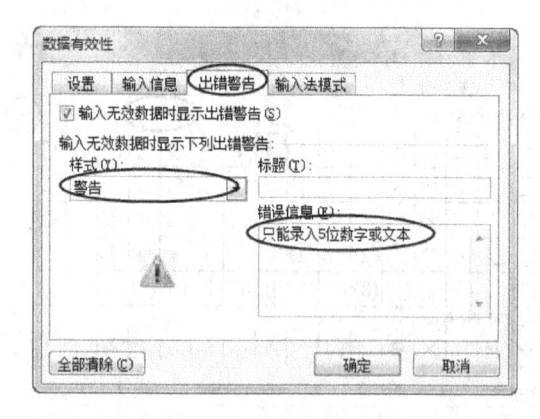

图 2-3　设置出错信息

（2）自定义下拉列表输入

在"成绩表"工作表中的"学院"列中输入学生所在的学院，而一个学校的学院是相对固定不变的且是有限选择项。假设该大学只有"文学院、外国语学院、理学院、计算机学院"，为提高数据输入的速度和准确性，可以用下拉列表来完成数据的选择输入。

具体操作步骤如下。

步骤 1：选择需要输入"学院"数据列中的所有单元格。

切换到功能区的"数据"选项卡，单击"数据工具"选项组中的"数据有效性"的上半部按钮，打开"数据有效性"对话框。

步骤 2：切换到"设置"选项卡，选择"允许"下拉菜单为"序列"，并在"来源"文本框中输入"文学院,外国语学院,理学院,计算机学院"（逗号要求英文标点状态下），如图 2-4 所示。单击"确定"按钮完成设置。

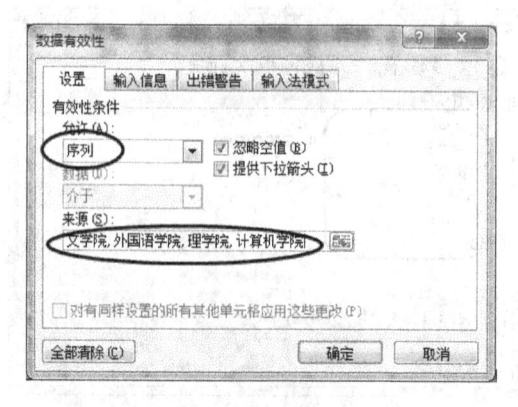

图 2-4　设置数据有效性

步骤 3：返回工作表，选择需要输入学院列的任何一个单元格，其右边显示一个下拉箭头，单击箭头将出现一个下拉列表，如图 2-5 所示。

学号	学院	姓名	语文	数学	英语
20051001	计算机学院	毛莉	75	85	80
20051002	理学院	杨青	68	75	64
20051003	文学院	陈小鹰	58	69	75
20051004		桂东兵	94	90	91
20051005	文学院 外国语学院	周亚东	84	87	88
20051006	理学院 计算机学院	曹吉武	72	68	85
20051007		彭晓玲	85	71	76
20051008		傅珊珊	88	80	75

图 2-5 出现下拉列表

3. 条件格式

在"成绩表"中，使用条件格式将各科成绩大于或等于 90 分的单元格中，字体颜色设置为红色、加粗显示。

操作步骤如下。

步骤 1：选中"成绩表"工作表的"语文"、"数学"和"英语"3 列的数据区域。切换到"开始"选项卡，单击"样式"选项组的"条件格式"按钮 条件格式 。

步骤 2：从弹出的菜单中选择"突出显示单元格规则"下的"其他规则"命令（如图 2-6 所示），打开"新建格式规则"对话框。在该对话框中，"只为包含以下内容的单元格设置格式"，单击下拉箭头选择"大于或等于"，在值输入框中输入"90"（如图 2-7 所示），单击"格式"按钮打开"设置单元格格式"对话框。

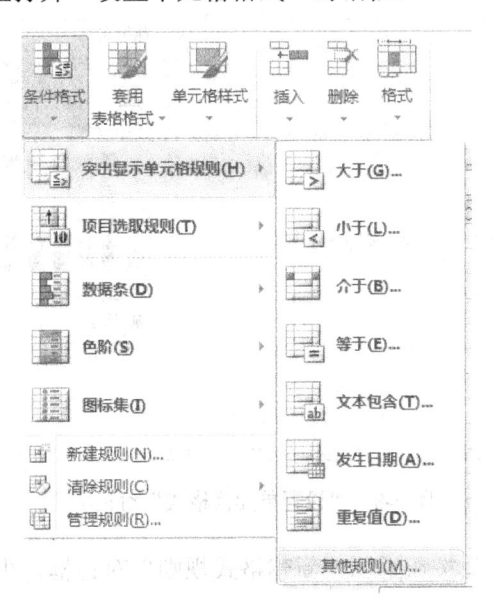

图 2-6 "条件格式"菜单

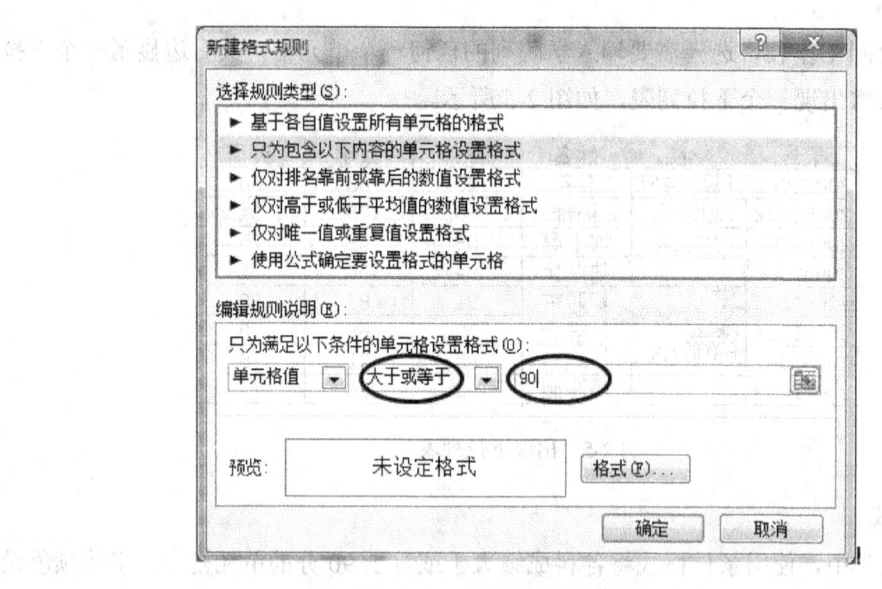

图 2-7 "新建格式规则"对话框

步骤 3：在"设置单元格格式"对话框中，切换到"字体"选项卡，选择字形和颜色，如图 2-8 所示。

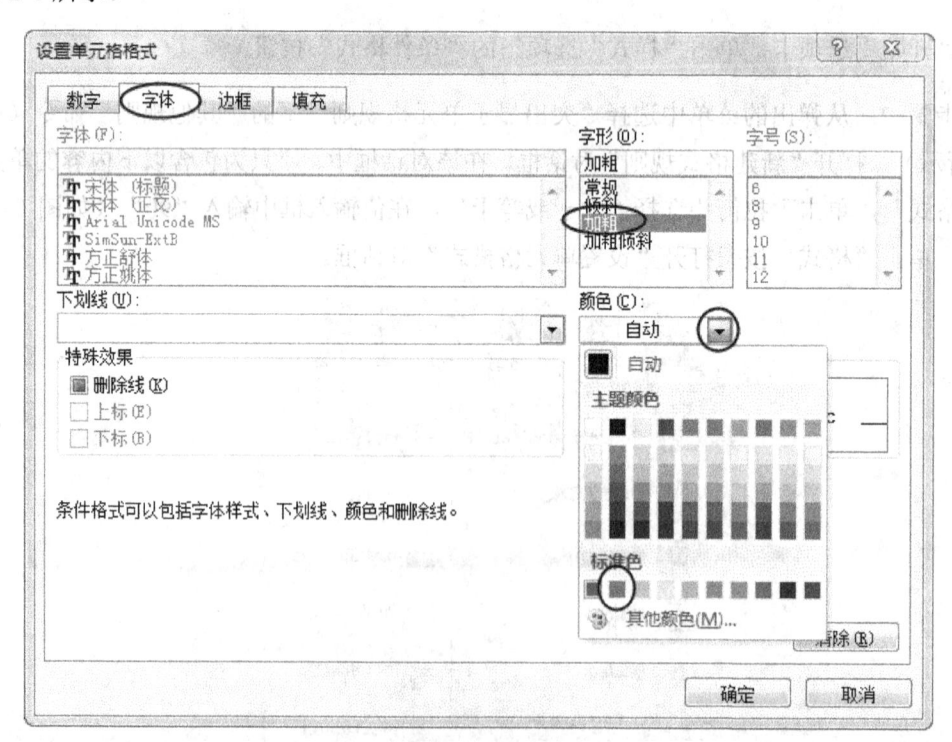

图 2-8 "设置单元格格式"对话框

步骤 4：单击"确定"按钮返回"新建格式规则"对话框，再单击"确定"按钮完成设置。

4. 常用函数

（1）SUM、AVERAGE、MAX、MIN 等函数的使用

根据"成绩表"中的数据，计算总分和平均分，将其计算结果保存到表中的"总分"列和"平均分"列当中。求出每科最高分和最低分并将计算结果保存到相应的单元格中。

操作方法：在总分单元格 G2 中输入"=SUM（D2：F2）"，单击"输入"按钮✓，双击该单元格的填充柄 或拉住填充柄往下拖。求平均值、最大值和最小值方法类似。

（2）AND、OR、NOT、IF、MOD 函数的使用

问题描述 1：使用逻辑函数，判断每个同学的每门功课是否均高于全班单科平均分。如果是，保存结果为 TRUE；否则，保存结果为 FALSE；并将结果保存到 J 列。

具体操作步骤如下。

步骤1：根据题意，条件分析如图 2-9 所示（注意求各科平均分时相应单元格区域的绝对引用，注意括号的配对）。

图 2-9　条件分析

步骤2：根据以上分析，在 J2 单元格中插入逻辑函数 AND，在 AND"函数参数"对话框中输入如图 2-10 中所示的 3 个条件。单击"确定"按钮。双击 J2 单元格的填充柄。

图 2-10　AND"函数参数"对话框

问题描述 2：闰年定义为年份能被 4 整除而不能被 100 整除，或者能被 400 整除的年

份。使用函数，在"数据输入技巧"工作表中的年份，判断当年是否为闰年，结果为 TRUE 或 FALSE 并填充到 D 列。

操作步骤如下。

步骤 1：根据题意，闰年条件分析如图 2-11 所示。

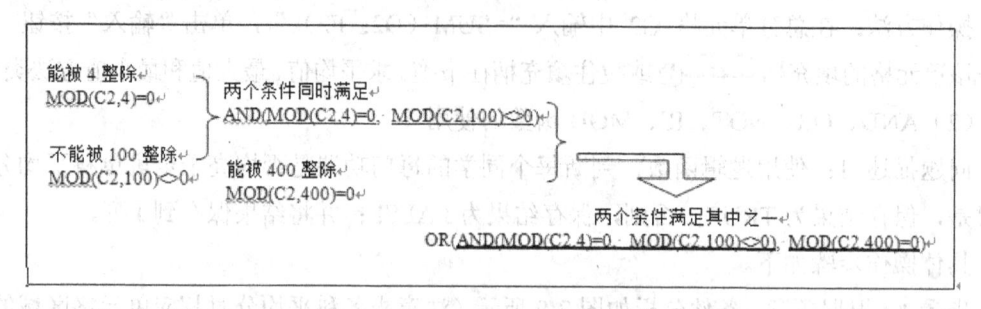

图 2-11　闰年条件分析

步骤 2：选中"数据输入技巧"工作表中 D2 单元格，输入函数"=OR（AND（MOD（C2，4）=0，MOD（C2，100）<>0），MOD（C2，400）=0）"。双击 D2 单元格的填充柄。

问题描述 3：使用函数，"数据输入技巧"工作表中的年份是否为闰年，如果是，结果保存为"闰年"；如果不是，则结果保存为"平年"，并将结果保存在"是否为闰年"E 列中。

操作步骤如下。

步骤 1：判断条件同上，如图 2-11 所示。

步骤 2：选中"数据输入技巧"工作表中的 E2 单元格，单击编辑栏上的"插入函数"按钮 fx，打开"插入函数"对话框并选择"逻辑"函数中的 IF 函数，单击"确定"按钮打开 IF"函数参数"对话框，并在相应的文本框中输入如图 2-12 所示的参数（Logical_test 文本框中的参数为"OR（AND（MOD（C2，4）=0，MOD（C2，100）<>0），MOD（C2，400）=0）"）。双击 E2 单元格的填充柄。

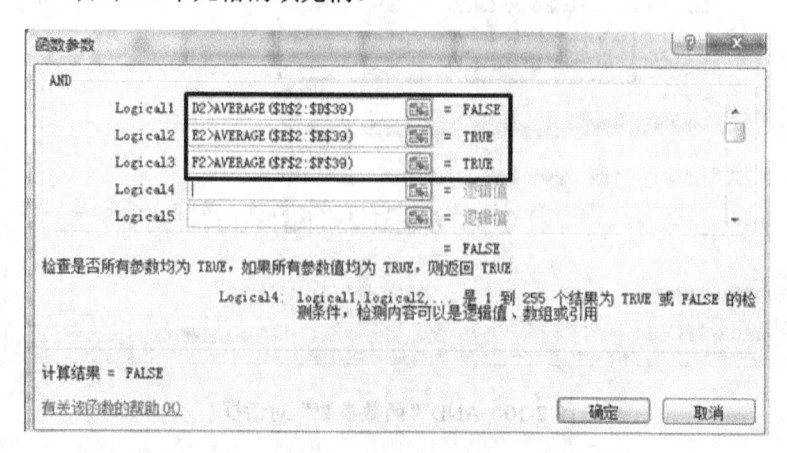

图 2-12　IF"函数参数"对话框

（3）INT、ROUND 等函数的使用

问题描述 1：使用函数，将"数据输入技巧"工作表中的 C11、C12 单元格中的数四舍五入到整百，存放在 D11、D12 单元格中。

操作方法：选中单元格 D11，输入"=ROUND（C11，-2）"；选中单元格 D12，输入"=ROUNDC12，-2）"。

试用 INT 或其他函数完成。

问题描述 2：使用函数，将"数据输入技巧"工作表中的 E11、E12 单元格中的时间四舍五入到最接近的 15 分钟的倍数，结果存放在 F11、F12 单元格中。

操作方法：选中单元格 F11，输入"=ROUND（E11*24*4，0）/24/4"；选中单元格 F12，输入"=ROUND（E12*24*4，0）/24/4"。

试将时间四舍五入到最接近的 10 分钟的倍数。

问题描述 3：使用函数，将"数据输入技巧"工作表中的 E11、E12 单元格中的时间四舍五入到最接近的 7 分钟的倍数，结果存放在 G11、G12 单元格中。

操作方法：选中单元格 G11，输入"=ROUND（E11*24*（60/7），0）/24/（60/7）"；选中单元格 G12，输入"=ROUND（E12*24*（60/7），0）/24/（60/7）"。

试将时间四舍五入到最接近的 8 分钟的倍数。

三、练习

打开文件"任务 1 练习.xlsx"，完成以下操作。

1. 将工作表 Sheet1 中的职工号列输入每一位职工的职工号，职工号格式为"001，002，003…"。

2. 利用下拉列表方法，完成输入每一位职工所在的车间，由读者自己决定每一位职工在哪一个车间（假设该工厂共有 5 个车间，分别为"一车间、二车间、三车间、四车间、五车间"。）。

3. 在 Sheet1 中，使用条件格式将"参加工作"列中日期为 2008-4-1 后的单元格中字体颜色设置为红色、加粗显示。对 C 列，设置"自动调整列宽"。

4. 利用公式求出应发工资和实发工资（应发工资=基本工资+岗位津贴+工龄津贴+奖励工资；实发工资=应发工资-应扣工资）。

5. 求出表格最后三行的各项工资的平均值（保留 2 位小数）、最大值和最小值。

6. 使用逻辑函数，判断员工是否有资格评"高级工程师"。要求如下。

* 评选条件为：1968/5/1 之前出生，且为工程师的员工。
* 并将结果保存在"是否有资格评选高级工程师"列中。
* 如果有资格，保存结果为 TRUE；否则为 FALSE。

7. 保存文件"任务 1 练习.xlsx"。

任务2.2 公式、数组公式、统计函数和数据库函数

一、实验目的

（1）掌握数组公式及其应用。
（2）掌握数学函数的使用，包括 MOD、SUMPRODUCT、SUMIF、SUMIFS 等函数。
（3）掌握统计函数的使用，包括 COUNT、COUNTA、COUNTBLANK、COUNTIF、COUNTIFS、AVERAGEIF、AVERAGEIFS、RANK.EQ、TRIMMEAN 函数。
（4）掌握数据库函数的使用，包括 DCOUNT、DSUM、DAVERAGE、DGET 等函数。

二、实验内容及操作步骤

以下操作全部在"任务2.xlsx"文件完成。

1. 数组公式

（1）数组公式的基本使用

问题描述1：在未求出房价总额和契税总额的情况下，求该房产项目上交的契税总额。将结果保存在 J27 单元格中。

操作方法：在单元格 J27 中输入公式"=SUM（F3：F26*G3：G26*H3：H26）"，按下 Ctrl+Shift+Enter 组合键。

问题描述2：使用公式，计算 Sheet1 中"房产销售表"的房价总额，并保存在"房产总额"列中。计算公式为：房产总额＝面积*单价。

操作方法：在"房产总额"列的 I3 单元格中，输入公式"=F3*G3"，按回车键确认。双击 I3 单元格的填充柄。

问题描述3：使用数组公式，计算 Sheet1 中"房产销售表"的契税总额，并保存在"契税总额"列中。计算公式为：契税总额＝契税*房产总额。

操作方法：选中"契税总额"列的数据区域 J3：J26，输入公式"=H3：H26*I3：I26"，按下 Ctrl+Shift+Enter 组合键。

（2）数组公式的应用

问题描述1：在 Sheet3 中使用多个函数与数组公式组合，计算 A1：A10 中奇数的个数，结果存放在 A11 单元格中。

操作方法：在单元格 A11 中输入公式"=SUM（MOD（A1：A10，2））"，按下 Ctrl+Shift+Enter 组合键。

问题描述2：利用数组公式与 SUM 等函数可以完成统计功能，在 Sheet2 中的销售统计表1，求各销售人员的销售总额1，保存到对应单元格中。

操作方法：在单元格 B3 中输入公式。

"=SUM((Sheet1!$K$3:$K$26=Sheet2!A3)*Sheet1!$I$3:$I$26)"，按下 Ctrl+Shift+Enter 组合键，双击 B3 单元格的填充柄。

问题描述 3：在 Sheet2 中的销售统计表 2，求各销售人员不同户型的销售总额 1，保存到对应单元格中。

操作方法：在单元格 I3 中输入公式。

"=SUM((Sheet1!$E$3:$E$26=F3)*(Sheet1!$K$3:$K$26=G3)*Sheet1!$I$3:$I$26)"，按下 Ctrl+Shift+Enter 组合键，双击 I3 单元格的填充柄。

2. 数学函数

（1）SUMPRODUCT 和 MOD 函数

问题描述 1：在未求出房价总额和契税总额的情况下，求该房产项目上交的契税总额。将结果保存在 J27 单元格中。

操作方法：在单元格 J27 中输入公式"=SUMPRODUCT（F3：F26，G3：G26，H3：H26）"。

问题描述 2：在 Sheet3 中使用多个函数组合，计算 A1：A10 中奇数的个数，结果存放在 A11 单元格中。

操作方法：在单元格 A11 中输入公式"=SUMPRODUCT（MOD（A1：A10，2））"。

（2）SUMIF、SUMIFS 函数

问题描述 1：单条件求和，在 Sheet2 中的统计表 1 中求出各销售人员的销售总额，将结果保存在销售总额 2 列中。

操作方法：单击 Sheet2 的 C3 单元格，插入 SUMIF 函数，在其"函数参数"对话框中输入如图 2-13 所示的参数（注意绝对引用和相对引用的使用），单击"确定"按钮。双击 C3 单元格的填充柄。

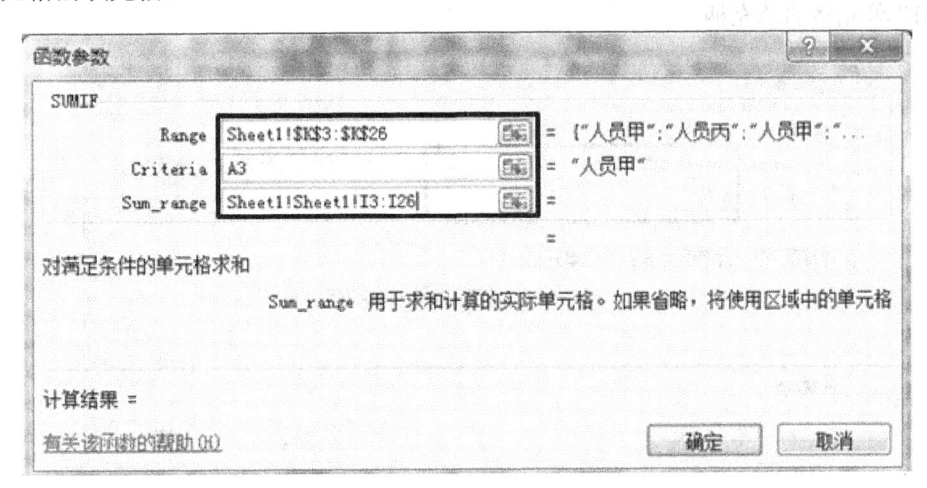

图 2-13 SUMIF"函数参数"对话框

问题描述2：多条件求和，在 Sheet2 中的统计表 2 中各销售人员不同户型的销售总额，将结果保存在销售总额 2 列中。

操作方法：单击 Sheet2 的 J3 单元格，插入 SUMIFS 函数，在其"函数参数"对话框中输入如图 2-14 所示的参数（注意绝对引用和相对引用的使用），单击"确定"按钮。双击 J3 单元格的填充柄。

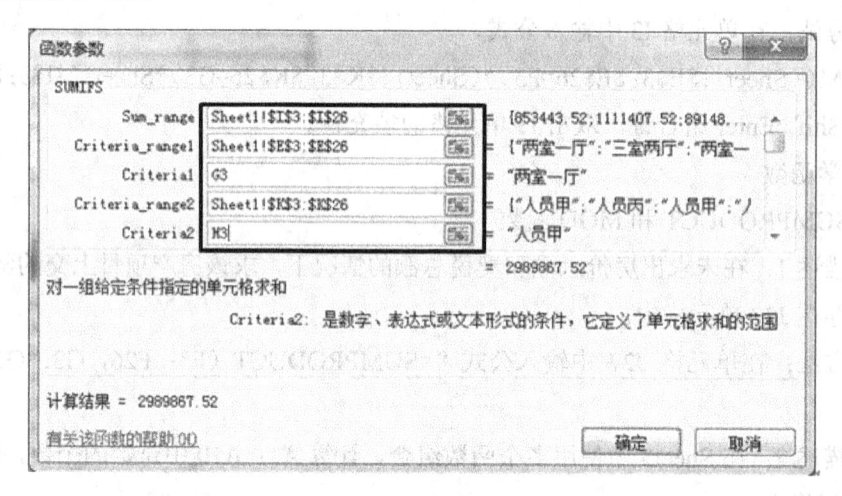

图 2-14　SUMIFS"函数参数"对话框

3. 统计函数

（1）COUNTIF、COUNTIFS 函数

问题描述1：单条件统计个数，在 Sheet2 中的统计表 3 中各销售人员的销售套数，将结果保存在销售套数 1 列中。

操作方法：单击 Sheet2 的 B18 单元格，插入 COUNTIF 函数，在其"函数参数"对话框中输入如图 2-15 所示的参数（注意绝对引用和相对引用的使用），单击"确定"按钮。双击 B18 单元格的填充柄。

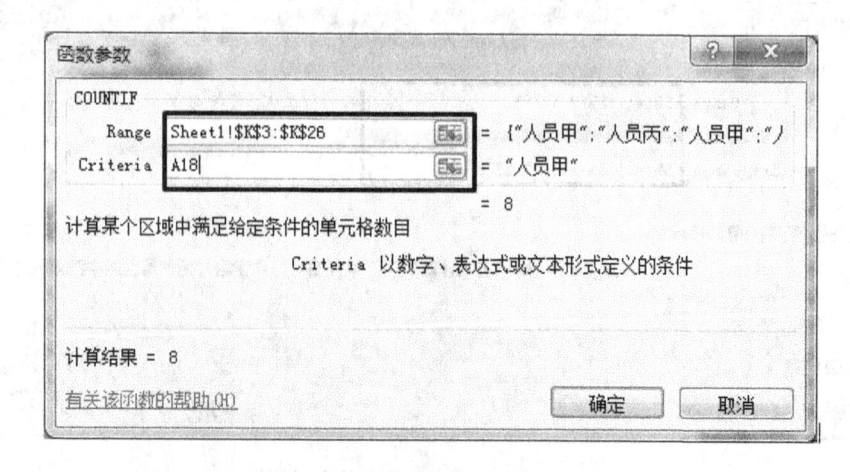

图 2-15　COUNTIF"函数参数"对话框

问题描述 2：多条件统计个数，在 Sheet2 中的统计表 4 中各销售人员不同户型的销售套数，将结果保存在销售套数 1 列中。

操作方法：单击 Sheet2 的 I17 单元格，插入 COUNTIFS 函数，在其"函数参数"对话框中输入如图 2-16 所示的参数（注意绝对引用和相对引用的使用），单击"确定"按钮。双击 I17 单元格的填充柄。

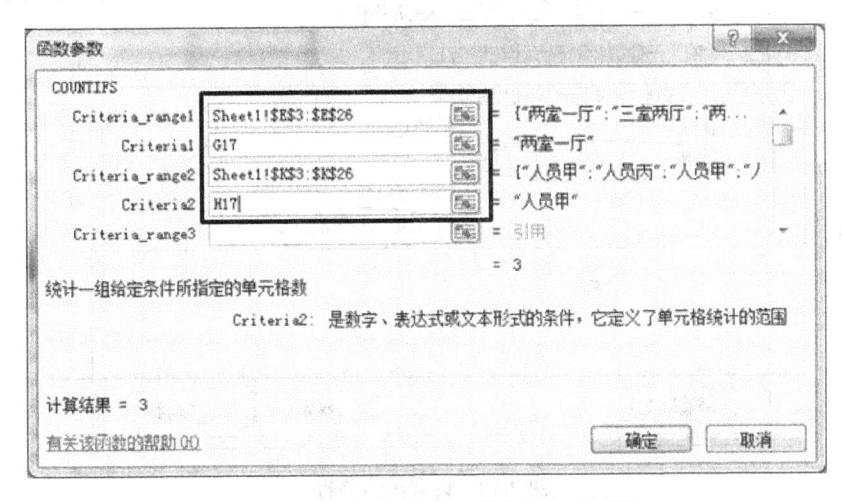

图 2-16 COUNTIFS"函数参数"对话框

思考题：用数组公式和 SUM 公式能求出上述两题吗？

问题描述 3：在销售中，一套房是不能卖给不同的两个人的，在 Sheet1 中设定 D 列（楼号）不能输入重复的数值。

操作步骤如下。

步骤 1：选中 Sheet1 的 D 列，切换到功能区的"数据"选项卡，单击"数据工具"选项组中的"数据有效性"的上半部按钮，打开"数据有效性"对话框。

步骤 2：切换到"设置"选项卡，选择"允许"下拉菜单为"自定义"；在"公式"文本框中输入公式"=COUNTIF（D：D，D1）=1"，如图 2-17 所示。

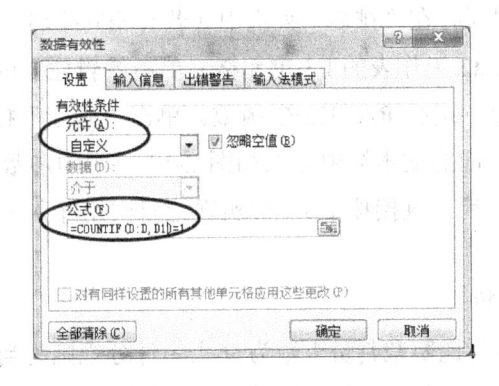

图 2-17 设置数据有效性

步骤 3：再切换到"出错警告"选项卡，选择"样式"下拉菜单为"警告"；在"错误信息"文本框中输入"不能输入重复的数值"，如图 2-18 所示，单击"确定"按钮完成设置。

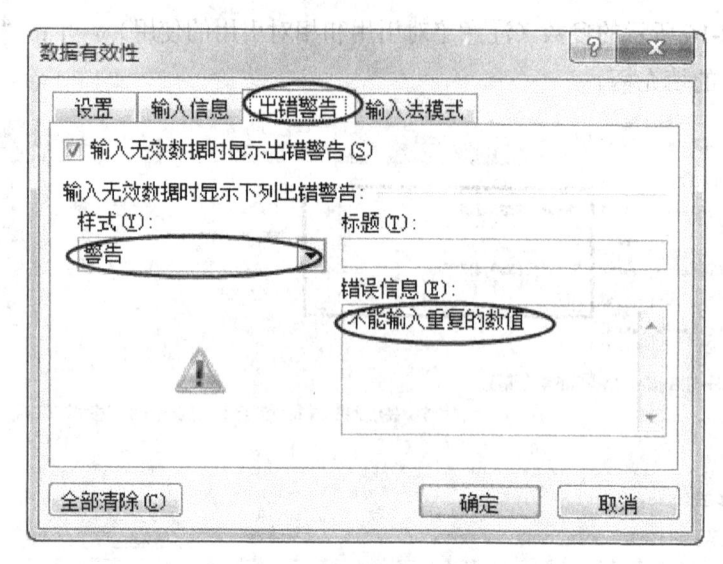

图 2-18　设置出错警告

（2）AVERAGEIF、AVERAGEIFS 函数

问题描述 1：单条件平均值，在 Sheet3 中的统计表 5 中，求出不同户型的平均销售单价，将结果保存在平均销售单价 1 列中。

操作方法：使用 AVERAGEIF 函数，用法同 SUMIF 函数，请自行完成计算。

问题描述 2：多条件平均值，在 Sheet3 中的统计表 6 中，求出不同销售人员销售的不同户型的平均销售单价，将结果保存在平均销售单价 1 列中。

操作方法：使用 AVERAGEIFS 函数，用法同 SUMIFS 函数，请自行完成计算。

（3）RANK.EQ 函数

问题描述：使用函数，根据 Sheet2 中"销售总额"列的结果，对每个销售人员的销售情况进行排序，并将结果保存在"排名"列当中（若有相同排名，返回最佳排名）。

操作方法：选中 Sheet2 工作表的 E3 单元格，单击编辑栏上的"插入函数"按钮 f_x，打开"插入函数"对话框并选择 RANK.EQ 函数。单击"确定"按钮打开 RANK.EQ "函数参数"对话框，并在相应的文本框中输入如图 2-19 所示的参数（注意使用绝对引用，用鼠标拖选单元格区域区后，直接按下 F4 键实现绝对引用输入）。单击"确定"按钮，再填充公式即可。

（4）TRIMMEAN 函数

问题描述：奥运会体操比赛裁判员人数为 9 人，计分规则为当裁判亮分后，成绩先去掉一个最高分，再去掉一个最低分，然后计算剩下分数的平均值。

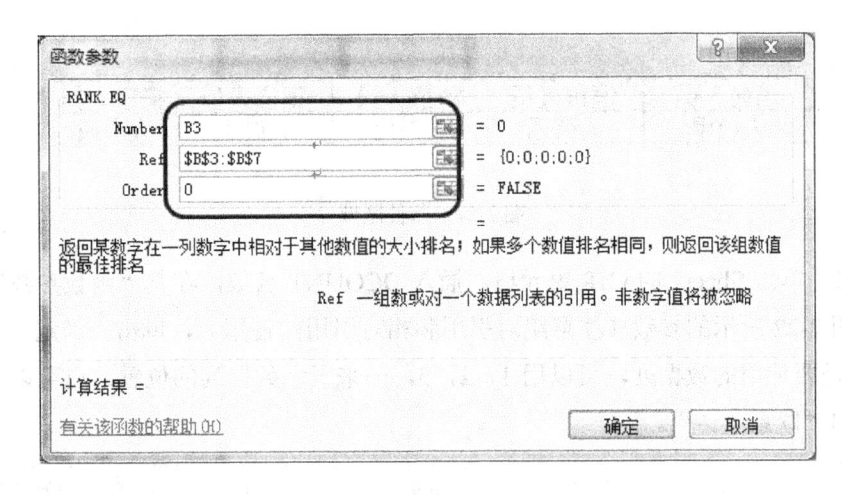

图 2-19 RANK.EQ "函数参数" 对话框

问题描述：按上述计分规则求"体操评分"工作表中每一位选手的最后得分。

操作方法：选中"体操评分"工作表的 K2 单元格，单击编辑栏上的"插入函数"按钮 f_x，打开"插入函数"对话框并选择 TRIMMEAN 函数。单击"确定"按钮打开 TRIMMEAN "函数参数"对话框，并在相应的文本框中输入如图 2-20 所示的参数。单击"确定"按钮，再填充公式即可（参数说明：Percent，是一分数 X/Y，其中 X 为去除的数据个数，Y 为原数据总个数）。

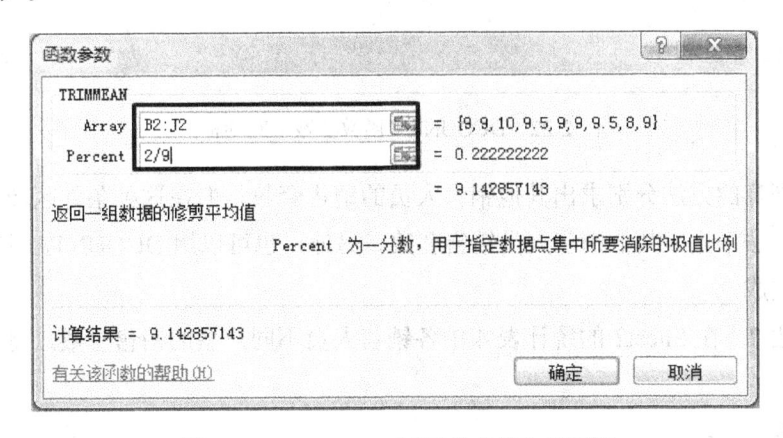

图 2-20 TRIMMEAN "函数参数" 对话框

4. 数据库函数

（1）DCOUNT/DOUNTA 函数

DCOUNT/DCOUNTA 函数功能相当于 COUNTIF 或 COUNTIFS。

问题描述 1：在 Sheet2 的统计表 3 中各销售人员的销售套数，将结果保存在销售套数 2 列中。

操作步骤如下。

步骤 1：做出如图 2-21 所示的条件区域。

条件区域1				
销售人员	销售人员	销售人员	销售人员	销售人员
人员甲	人员乙	人员丙	人员丁	人员戊

图 2-21 条件区域

步骤 2：单击 Sheet2 的 C18 单元格，插入 DCOUNT 函数，在其"函数参数"对话框中输入如图 2-22 所示的参数（注意绝对引用和相对引用的使用），单击"确定"按钮。说明：Field 是要使用的数据列，可以用 1，2，3，…来表示数据列的位置，也可以用列标题来表示，如"联系电话"。

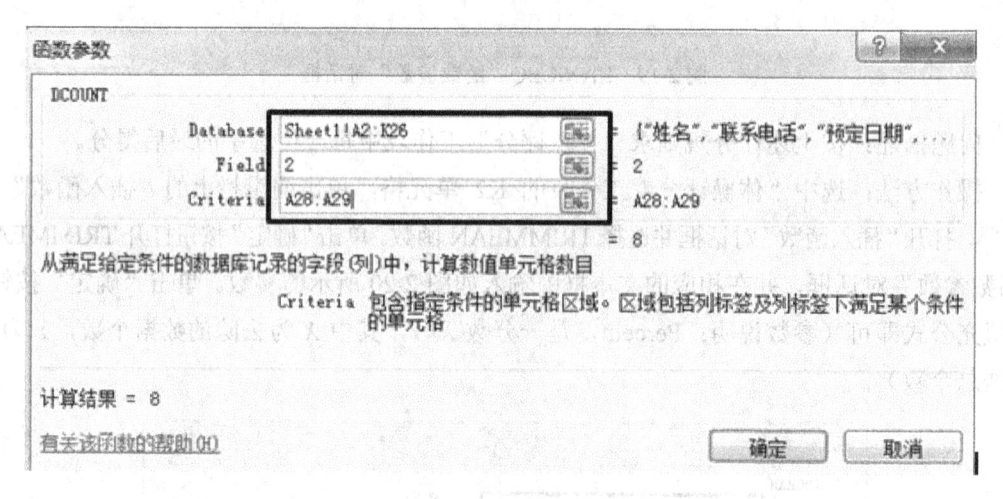

图 2-22 DCOUNT"函数参数"对话框

注：用同样的方法分别求出其他销售人员的销售套数。但在这种条件区域下通常不能采用填充的方法来完成其他销售人员销售套数。另外，也可以用 DCOUNTA 来求解该题。请读者自行完成。

问题描述 2：在 Sheet2 的统计表 4 中各销售人员不同户型的销售套数，将结果保存在销售套数 2 列中。

操作步骤如下。

步骤 1：做出如图 2-23 所示的条件区域。

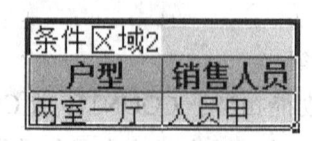

条件区域2	
户型	销售人员
两室一厅	人员甲

图 2-23 条件区域

步骤 2：单击 Sheet2 的 J17 单元格，插入 DCOUNT 函数，在其"函数参数"对话框中输入如图 2-24 所示的参数，单击"确定"按钮。

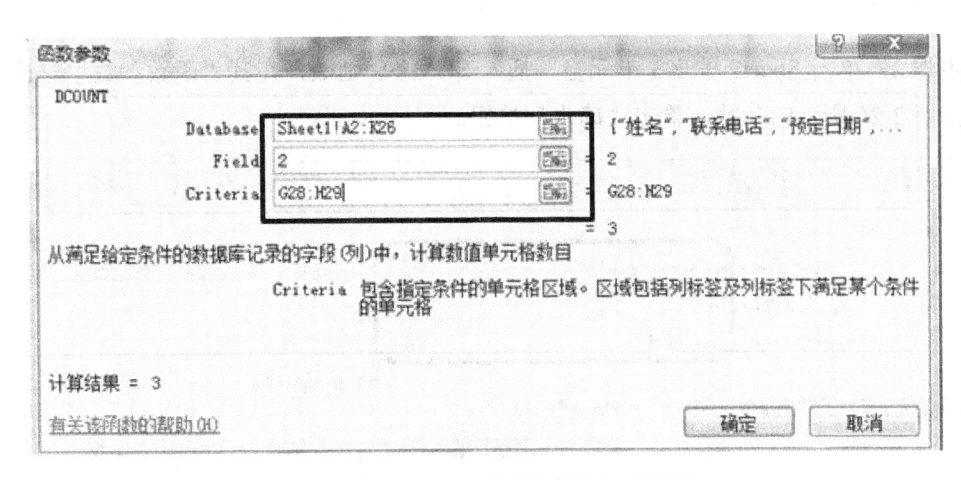

图 2-24　DCOUNT"函数参数"对话框

（2）DSUM 函数

DSUM 函数功能同 SUMIF、SUMIFS 函数，用法同 DCOUNT。

问题描述 1：在 Sheet2 的统计表 1 中求出各销售人员的销售总额，将结果保存在销售总额 3 列中。

操作步骤如下。

步骤 1：做出如图 2-23 所示的条件区域。

步骤 2：单击 Sheet2 的 D3 单元格，插入 DSUM 函数，在其"函数参数"对话框中输入如图 2-25 所示的参数，单击"确定"按钮。

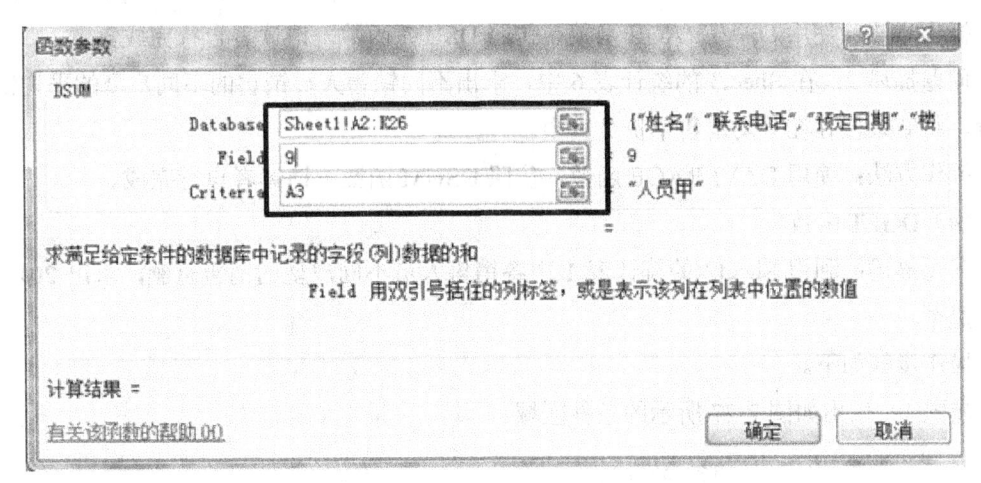

图 2-25　DSUM"函数参数"对话框

问题描述 2：在 Sheet2 的统计表 2 中各销售人员不同户型的销售总额，将结果保存在销售总额 3 列中。

操作步骤如下。

步骤 1：做出如图 2-23 所示的条件区域。

步骤 2：单击 Sheet2 的 K3 单元格，插入 SUMIFS 函数，在其"函数参数"对话框中输入如图 2-26 所示的参数，单击"确定"按钮。

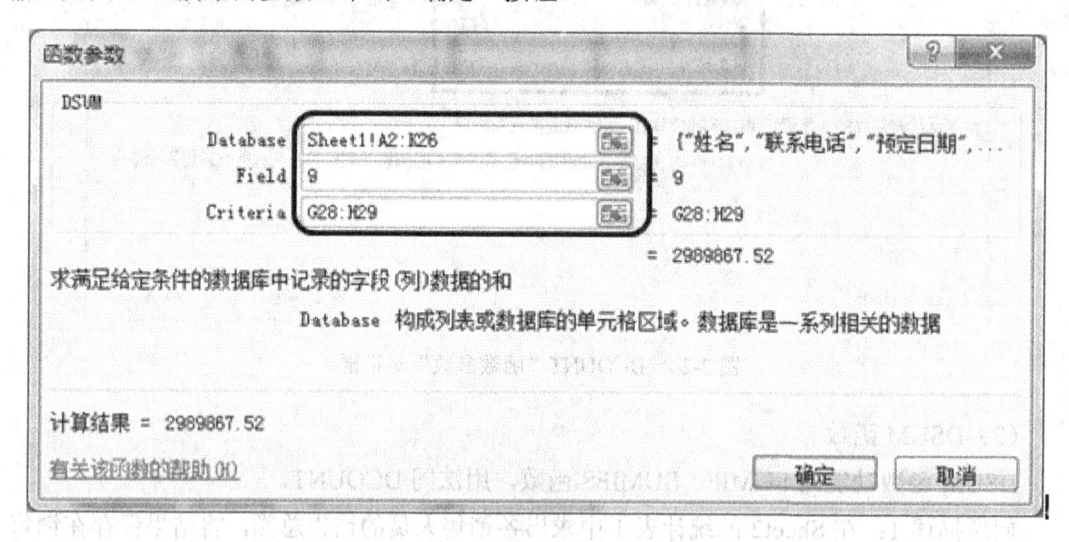

图 2-26 DSUM"函数参数"对话框

（3）DAVERAGE 函数

函数 DAVERAGE 功能同 AVERAGEIF 或 AVERAGEIFS 函数，用法同 DSUM 函数。

问题描述 1：在 Sheet3 的统计表 5 中，求出不同户型的销售平均单价，将结果保存在平均销售单价 2 列中。

操作方法：使用 DAVERAGE 函数，仿照 DSUM 函数，请读者自行完成。

问题描述 2：在 Sheet3 的统计表 6 中，求出不同销售人员销售的不同户型的平均销售单价，将结果保存在平均销售单价 2 列中。

操作方法：使用 DAVERAGE 函数，仿照 DSUM 函数，请读者自行完成。

（4）DGET 函数

问题描述：利用 Sheet2 的统计表 1 中各销售人员不同户型的销售总额，求出 2015 年销售冠军。

操作步骤如下。

步骤 1：做出如图 2-27 所示的条件区域。

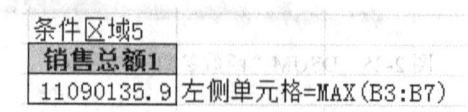

图 2-27 条件区域

步骤 2：单击 Sheet2 的 D9 单元格，插入 DGET 函数，在其"函数参数"对话框中输入如图 2-28 所示的参数，单击"确定"按钮。

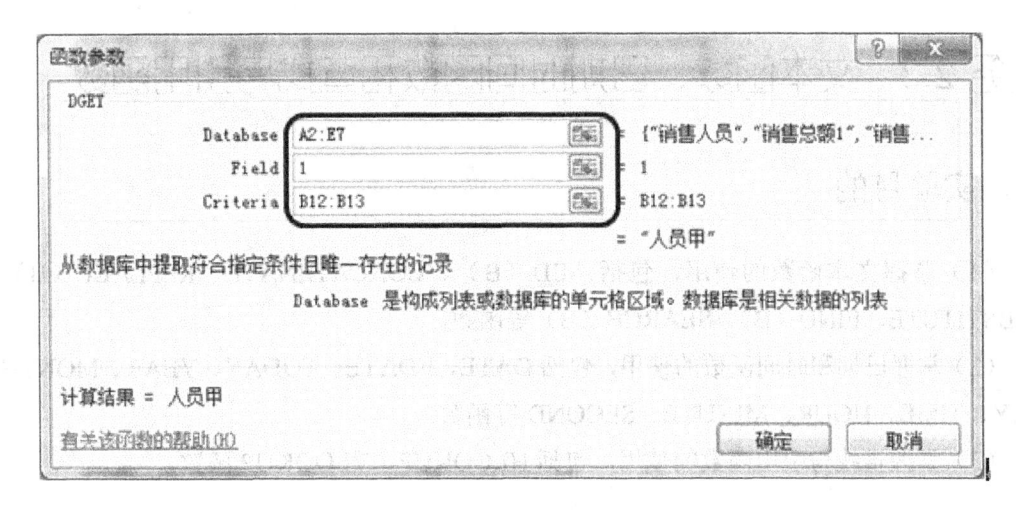

图 2-28　DGET "函数参数" 对话框

注：其他数据库函数用法同 DCOUNT、DSUM、DAVERAGE 和 DGET 函数，这里不再赘述。

三、练习

打开文件"任务 2 练习.xlsx"，完成以下操作。

1. 使用数组公式，计算 Sheet1 工作表中的每一位职工的应发工资和实发工资。

2. 在"统计表"工作表中，分别利用 AVERAGEIF、DAVERAGE 函数，求女性、男性职工的平均实发工资，保存到统计表 1 相应的列中（条件区域自行完成）。

3. 在"统计表"工作表中，分别利用 AVERAGEIFS、DAVERAGE 函数，求出一车间女性和男性职工的平均实发工资，保存到统计表 2 相应的列中（条件区域自行完成）。

4. 在"统计表"工作表中，分别利用 COUNTIF、DCOUNT 函数，求出女性和男性职工人数，保存到统计表 3 相应的列中（条件区域自行完成）。

5. 在"统计表"工作表中，分别利用 COUNTIFS、DCOUNT 函数，求出女性和男性工程师人数，保存到统计表 4 相应的列中（条件区域自行完成）。

6. 在"统计表"工作表中，使用函数求出实发工资<4000、4000≤实发工资<5000、实发工资≤5000 段的人数，保存到统计表 5 相应的列中。

7. 在"统计表"工作表中，分别利用 SUMIF、DSUM 函数，求出女性和男性职工工资发放总额，保存到统计表 6 相应的列中（条件区域自行完成）。

8. 在"统计表"工作表中，分别利用 SUMIFS、DSUM 函数，求出女性和男性高级工程师工资发放总额，保存到统计表 7 相应的列中（条件区域自行完成）。

9. 在"查找"工作表中，设计一个简单的查找界面，在 A3 单元格中输入职工的姓名，在对应单元格中显示该职工的信息（提示：使用 DGET 函数）。

任务 2.3　文本函数、日期时间函数和查找与引用函数

一、实验目的

（1）掌握文本函数的使用，包括 MID（B）、CONCATENATE、REPLACE（B）/SUBSTITUTE、FIND（B）/SEARCH（B）等函数。

（2）掌握日期和时间函数的使用，包括 DATE、EDATE、TODAY、YEAR、MONTH、DAY、TIME、HOUR、MINUTE、SECOND 等函数。

（3）掌握查找与引用函数的使用，包括 HLOOKUP、VLOOKUP 函数。

二、实验内容及操作步骤

以下操作全部在"任务 3.xlsx"文件完成。

1. 文本函数

（1）MID（MIDB）、CONCATENATE 函数

问题描述 1：使用文本函数，对工作表 Sheet1 中职工的出生年月进行填充。要求：

身份证号的第 7~10 位，是出生年份，第 11~12 位是出生月份，第 13~14 位是天数。出生所月的格式为"YYYY 年 MM 月 DD 日"。

操作方法：单击 Sheet1 的 F3 单元格，插入时间函数 CONCATENATE，在打开的 CONCATENATE"函数参数"对话框中，输入如图 2-29 所示的参数。单击"确定"按钮。双击 F3 单元格的填充柄填充该列的数据。

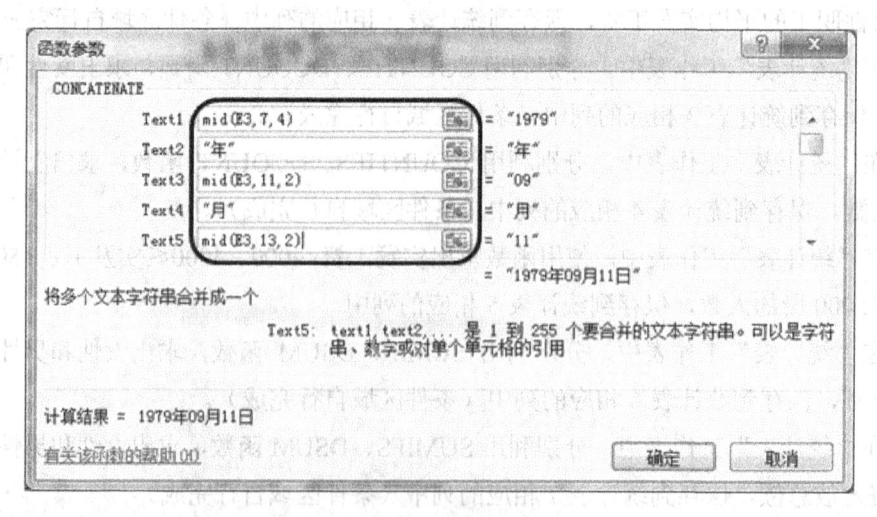

图 2-29　CONCATENATE"函数参数"对话框

注：MIDB 函数用法基本同 MID 函数，本题也可以使用文本运算符"&"完成，读者

自行完成。

问题描述 2：在 Sheet1 工作表中，使用 IF、MOD 和 MID 函数，根据 E 列中的身份证号码判断性别，结果为"男"或"女"，存放在 C 列中。身份证号倒数第二位为奇数的为"男"，偶数的为"女"。

操作方法：单击 E3 单元格，在单元格中输入公式"=IF（MOD（MID（E3，17，1），2）=1,"男","女"）"，按回车，再填充公式。

（2）REPLACE/REPLACEB/SUBSTITUTE 函数

问题描述：使用 REPLACE 函数，对 Sheet1 工作表中职工的电话号码进行升级。即对"原电话号码"列中的电话号码进行升级。升级方式是在区号（0572）后面加上"8"，并将其计算结果保存在"升级电话号码"列的相应单元格中。例如：电话号码"05726742801"升级后为"057286742801"。

REPLACE 函数操作方法：选择 Sheet1 的 M3 单元格，插入 REPLACE 函数，在打开的 REPLACE "函数参数"对话框中输入如图 2-30 所示的参数，单击"确定"按钮。双击 M3 单元格的填充柄填充该列的数据。

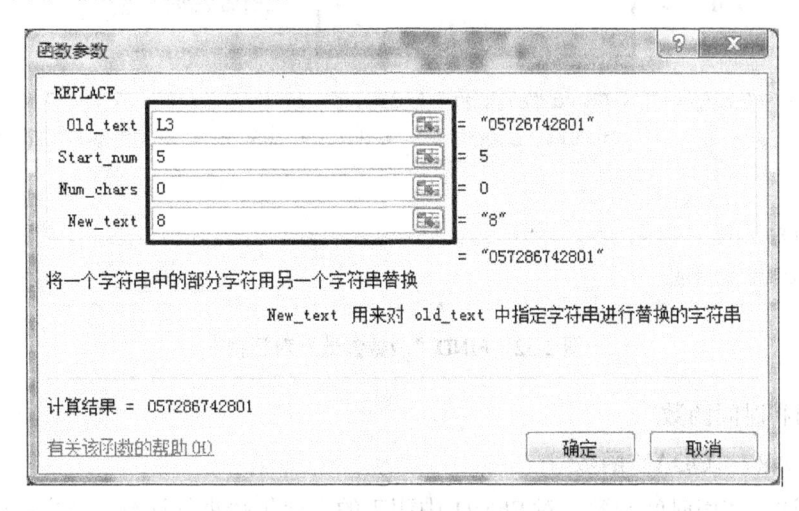

图 2-30　REPLACE "函数参数"对话框

SUBSTITUTE 函数操作方法：选择 Sheet1 的 M3 单元格，插入 SUBSTITUTE 函数，在打开的 SUBSTITUTE "函数参数"对话框中输入如图 2-31 所示的参数，单击"确定"按钮。双击 M3 单元格的填充柄填充该列的数据。

（3）FIND/FINDB/SEARCH/SEARCHB 函数

问题描述：使用文本函数，判断字符串 2 在字符串 1 中的起始位置，并将结果存入 V7 中。

FIND 操作方法：单击 Sheet1 的 V7 单元格，插入时间函数 FIND。在打开的 FIND "函数参数"对话框中，输入如图 2-32 所示的参数，单击"确定"按钮。FINDB、SEARCH、SEARCHB 函数用法同 FIND 函数，功能也相似。

图 2-31 SUBSTITUTE "函数参数"对话框

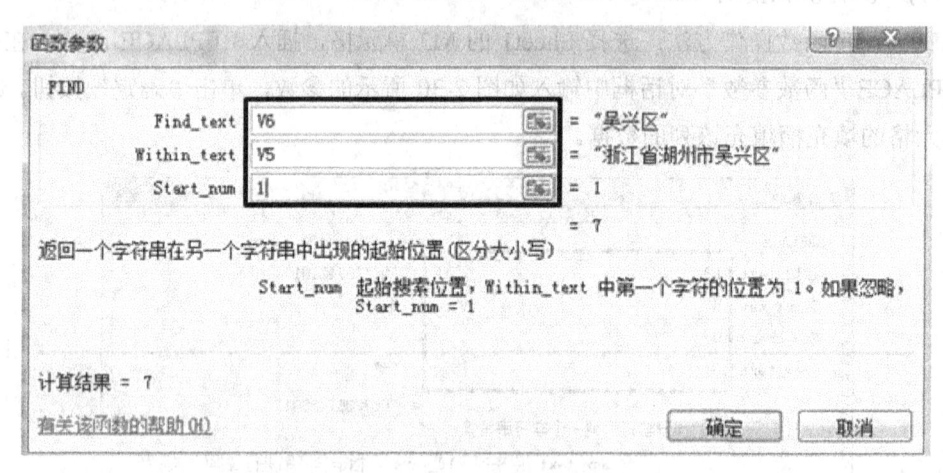

图 2-32 FIND "函数参数"对话框

2. 日期和时间函数

（1）YEAR、TODAY 函数

问题描述：使用时间函数，对 Sheet1 中职工的当前年龄进行计算。要求：使用当前日期，结合职工的出生年月，计算职工的年龄，并将其计算结果保存在"年龄"列当中。计算方法为两个时间年份之差。

操作步骤如下。

步骤 1：单击 Sheet 的 I3 单元格，插入时间函数 YEAR，在打开的 YEAR "函数参数"对话框中，输入如图 2-33 所示的参数，得到当前年份。

步骤 2：再在该公式后面减去如图 2-34 所示的计算所得的年份，按回车键（此时公式显示为"=YEAR（TODAY（））-YEAR（F3）"）。按回车键，再填充公式。

注：若此时单元中出现的日期格式，只需要把单元格格式设置为"数值"或"常规"即可。

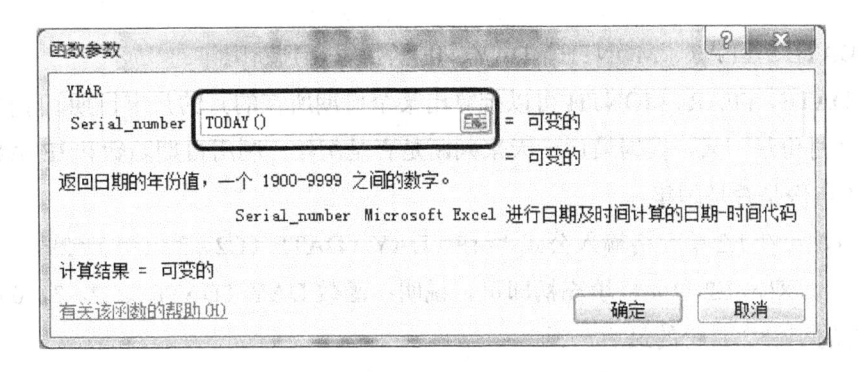

图 2-33　YEAR "函数参数" 对话框（1）

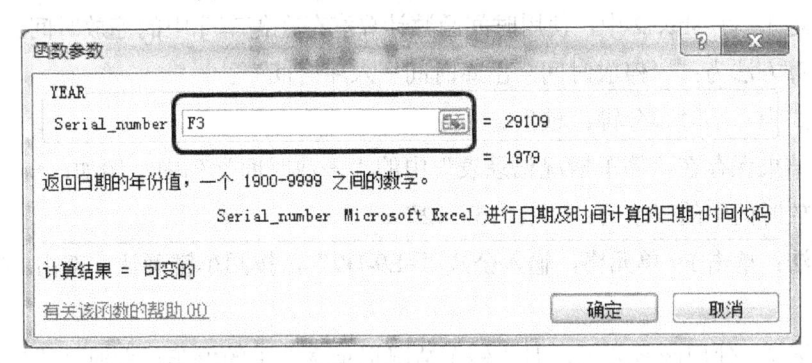

图 2-34　YEAR "函数参数" 对话框（2）

（2）EDATE 函数

问题描述：假设目前的法定退休年龄规定男性职工为 60 岁、女性职工为 55 岁，对 Sheet1 中职工的退休日期进行计算。

操作方法：单击 Sheet 的 J3 单元格，插入 IF 函数，打开 IF "函数参数" 对话框，输入如图 2-35 所示的参数，此时对应的公式为 "=IF（C3="男"，EDATE（F3，60*12），EDATE（F3，55*12））"，单击 "确定" 按钮。双击 J3 单元格的填充柄填充该列的数据。注：也可以使用 IF、DATE、YEAR、MONTH 和 DAY 函数组合来完成该任务。请读者自行完成。

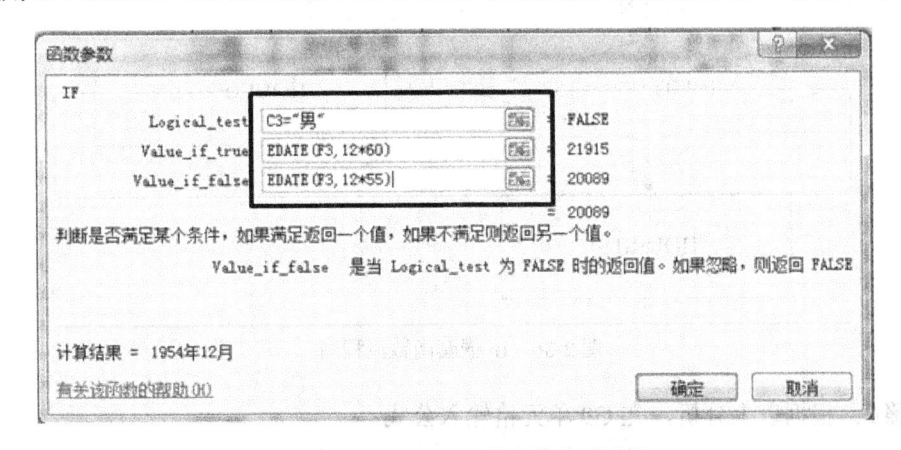

图 2-35　EDATE "函数参数" 对话框

（3）DATE、YEAR、MONTH、DAY、IF 函数组合判断闰年

利用 DATE、YEAR、MONTH 可以推算出某个日期所在的月的月末日期，再利用 DAY 函数求出 2 月份最一天，根据最后一天来判断是否是闰年。利用日期函数和 IF 函数求"任务 1"中的年份是否是闰年。

操作方法：在 E2 单元格输入公式"=IF（DAY（DATE（C2，3，0））=29，'闰年'，'平年'）"，双击 E2 单元格填充柄即可。说明：函数 DAY（DATE（C2，3，0））是求出 C2 所在的年份 2 月份的最后一天。

（4）HOUR、MINUTE 函数

问题描述 1：在 Sheet2 中，使用时间函数计算汽车在停车库中的停放时间。要求如下。

➢ 计算方法为："停放时间＝出库时间－入库时间"。

➢ 格式为"小时：分钟：秒"。

➢ 将结果保存在"停车情况记录表"中的"停放时间"列中，例如：一小时十五分十二秒在停放时间中的表示为："1：15：12"。

操作方法：单击 F9 单元格，输入公式"=E9-D9"，按回车键确认。双击 F9 单元格的填充柄。

问题描述 2：使用函数公式，对"停车情况记录表"中的停车付费时间进行计算。

➢ 停车按小时收费，对于不满一个小时的按照一个小时计费。

➢ 对于超过整点小时数十五分钟（包含十五分钟）的，多累积一个小时，例如：1 小时 23 分，将以 2 小时计费。

操作方法步骤如下。

步骤 1：根据题意，分析 IF 嵌套函数，画出其流程图如图 2-36 所示。

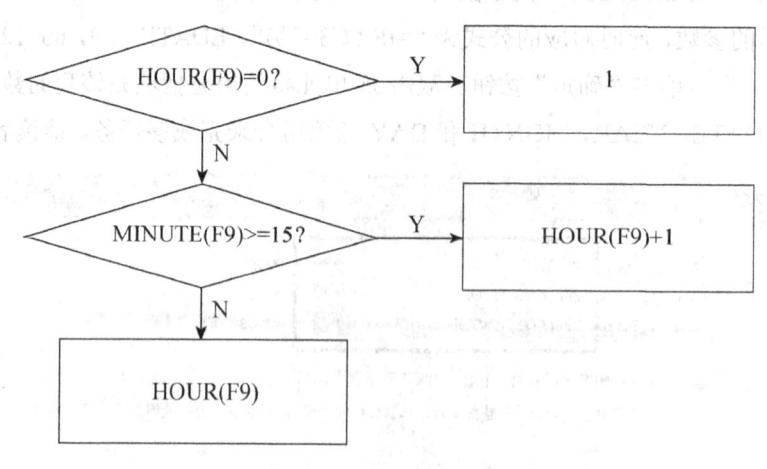

图 2-36　IF 嵌套函数流程图

步骤 2：根据以上分析，在 G9 单元格输入公式：

"=IF（HOUR（F9）=0，1，IF（MINUTE（F9）>=15，HOUR（F9）+1，HOUR（F9）））"，

按回车键确认，双击 G9 单元格的填充柄填充该列的数据。

3. 查找与引用函数

（1）HLOOKUP 函数

问题描述：使用 HLOOKUP 函数，对 Sheet2"停车情况记录表"中的"单价"列进行填充。

① 要求：根据 Sheet2 中的"停车价目表 1"价格，使用 HLOOKUP 函数对"停车情况记录表"中的"单价"列根据不同的车型进行填充。

② 注意：函数中如果需要用到绝对地址的请使用绝对地址进行计算，其他方式无效。

操作方法：单击 Sheet2 工作表的 C9 单元格，插入 HLOOKUP 函数，在 HLOOKUP"函数参数"对话框中输入如图 2-37 所示的参数（注意 Table_Arrray 区域的绝对引用，可拖选选区后直接按 F4 功能键实现绝对引用快速输入）。单击"确定"按钮。双击 C9 单元格的填充柄填充该列的数据。

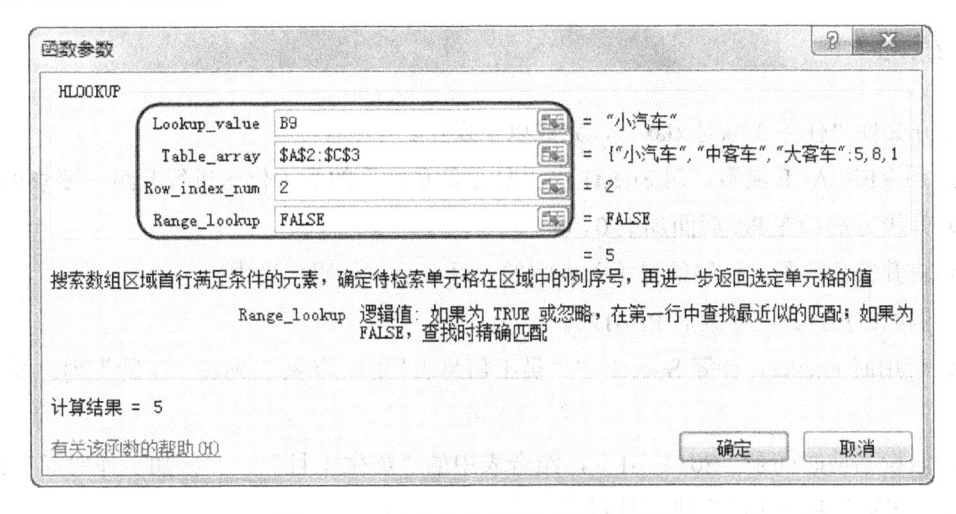

图 2-37　HLOOKUP"函数参数"对话框

（2）VLOOKUP 函数

问题描述：使用 VLOOKUP 函数，对 Sheet2"停车情况记录表"中的"单价"列（删除原有数据）进行填充。

① 要求：根据 Sheet2 中的"停车价目表 2"价格，使用 VLOOKUP 函数对"停车情况记录表"中的"单价"列根据不同的车型进行填充。

② 注意：函数中如果需要用到绝对地址的请使用绝对地址进行计算，其他方式无效。

操作方法：单击 Sheet2 工作表的 C9 单元格，插入 VLOOKUP 函数，在 VLOOKUP"函数参数"对话框中输入如图 2-38 所示的参数（注意 Table_Arrray 区域的绝对引用，可拖选选区后直接按 F4 功能键实现绝对引用快速输入）。单击"确定"按钮。双击 C9 单元格的填充柄填充该列的数据。

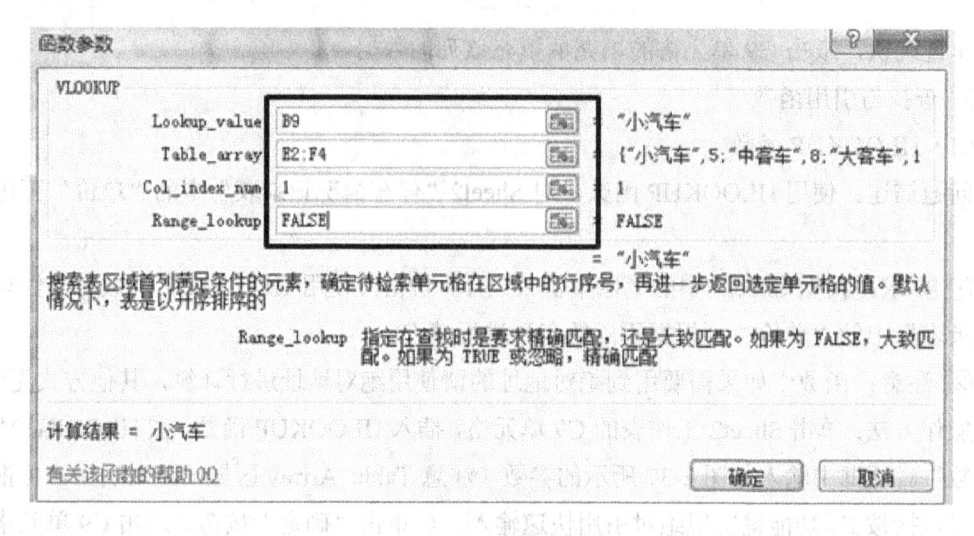

图 2-38 VLOOKUP"函数参数"对话框

三、练习

打开文件"任务 3 练习.xlsx",完成以下操作。

1. 用 REPLACE 函数,对 Sheet1 中"员工信息表"的员工代码进行升级。要求如下。
- 升级方法:在 PA 后面加上 0。
- 将升级后的员工代码结果填入表中的"升级员工代码"列中。
- 例如:PA125,修改后 PA0125。

2. 使用时间函数,计算 Sheet1 中"员工信息表"的"年龄"列和"工龄"列。要求如下。
- 假设当前时间是"2013-5-1",结合表中的"出生年月"、"参加工作时间"列,对员工"年龄"和"工龄"进行计算;
- 计算方法为两年份之差,并将结果保存到表中的"年龄"列和"工龄"列中。

3. 使用统计函数,根据 Sheet1 中"员工信息表"的数据,对以下条件进行统计。
- 统计男性员工的人数,结果填入 N3 单元格中。
- 统计高级工程师人数,结果填入 N4 单元格中。
- 统计工龄大于或等于 10 的人数,结果填入 N5 单元格中。

4. 使用逻辑函数,判断员工是否有资格评"高级工程师"。要求如下。
- 评选条件为:工龄大于 20,且为工程师的员工。
- 将结果保存在"是否有资格评选高级工程师"列中。
- 如果有资格,保存结果为 TRUE;否则为 FALSE。

5. 使用函数公式,判断公司员工上班是否迟到。
① 判断标准:打卡时间超过 8:05:00,则该员工上班迟到。

② 注意：

● 打卡时间的分钟数不超过 5 分钟，按 5 分钟算。

● 对于超过 5 分钟（包含 5 分钟）的，若秒数超过 30 秒（包含 30 秒）的多累计 1 分钟。例如：对于打卡时间为 8：03：29，则该员工未迟到；对于打卡时间为 8：05：29，则该员工未迟到；对于打卡时间为 8：05：42，则该员工迟到；对于打卡时间为 9：01：02，则该员工迟到。

● 如果有迟到，保存结果为"迟到"；否则为"未迟到"，并统计上班迟到人数，结果填入 N6 单元格中。

6. 在"查找"工作表中，设计一个简单的查找界面，在 A3 单元格中输入职工的姓名，在对应单元格中显示该职工的信息（提示：使用 VLOOKUP 函数）。

任务 2.4　财务函数、信息函数和算术运算符扩展应用

一、实验目的

（1）掌握常用财务函数的使用，包括 SLN、FV、PV、PMT、IPMT 等函数。

（2）掌握常用信息函数的使用，包括 N、ISTEXT、ISNUMBER、ISBLANK、ISEVEN、ISODD 等函数。

（3）掌握算术运算中的"*"、"+"、"–"三个运算符代替逻辑判断的扩展应用。

二、实验内容及操作步骤

以下任务都在"任务 4.xlsx"文件中进行。

1. 财务函数使用

（1）SLN 函数

问题描述：我国交通法规定，营运出租车强制报废年限为 8 年，现某出租车公司购入一批新出租车，每一辆出租车的价格为 100 000 元，报废时国家以每辆 2 000 元回收。则每年的折旧额是多少？每月的折旧额是多少？每天的折旧额是多少？这样公司就知道每辆车每天至少挣多少钱才能持平每天的折旧成本。

计算每年折旧额操作方法：选中"折旧"工作表的 B9 单元格，单击编辑栏上的"插入函数"按钮 f_x，打开"插入函数"对话框并选择 SLN 函数。单击"确定"按钮打开 SLN "函数参数"对话框，并在相应的文本框中输入如图 2-39 所示的参数，单击"确定"按钮。

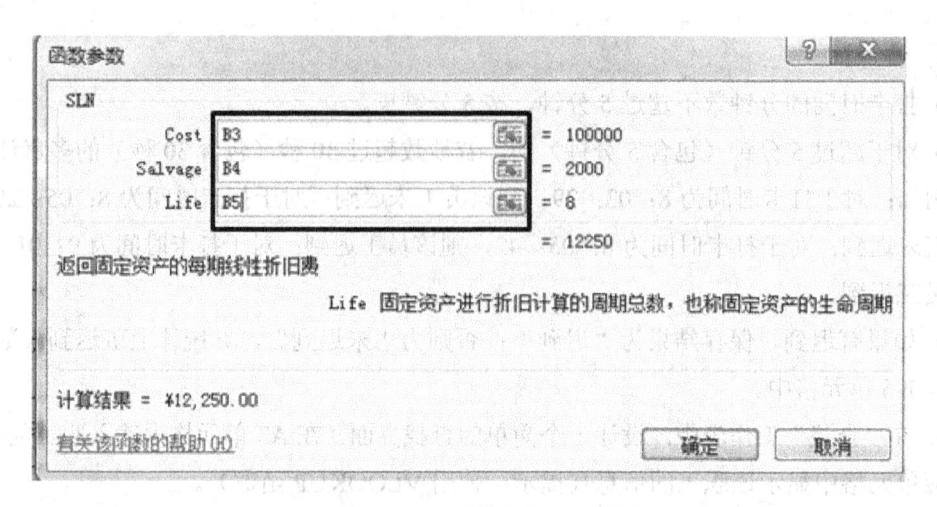

图 2-39　SLN "函数参数"对话框

每月、每天折旧额计算方法与每年折旧额计算机方法相同，只是 Life 参数分别为 "B4*12" 和 "B4*365"。

练习题：求出折旧 SLN 工作表中的折旧 2 至上月止累计折旧额。

（2）FV 函数

问题描述：某人在大一职业规划课上做了一份简单的职业规划，打算大学毕业后先找一个工作积累经验，毕业工作 5 年后自主创业。现在将父母给他的 5 000 元以年利率 3.5%，按月计息存入银行，并在以后通过兼职将每月收入中的 300 元存入银行。到他自主创业时存款额有多少？

操作方法：选中"投资"工作表的 C7 单元格，单击编辑栏上的"插入函数"按钮 f_x，打开"插入函数"对话框并选择 FV 函数。单击"确定"按钮打开 FV "函数参数"对话框，并在相应的文本框中输入如图 2-40 所示的参数，单击"确定"按钮。

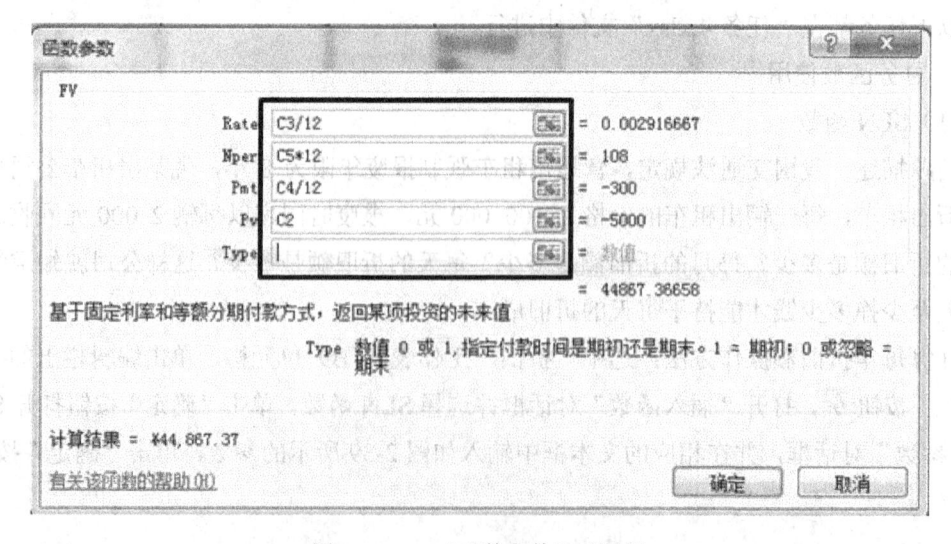

图 2-40　FV "函数参数"对话框

（3）PV 函数

问题描述：某人进行一项投资，每年投入 1 500 000 元，假定投资回报为年利率 6%，连续投资 5 年，那他在 5 年后总可以得到多少？

操作方法：选中"投资"工作表的 F7 单元格，单击编辑栏上的"插入函数"按钮 f_x，打开"插入函数"对话框并选择 PV 函数。单击"确定"按钮打开 PV"函数参数"对话框，并在相应的文本框中输入如图 2-41 所示的参数。单击"确定"按钮。

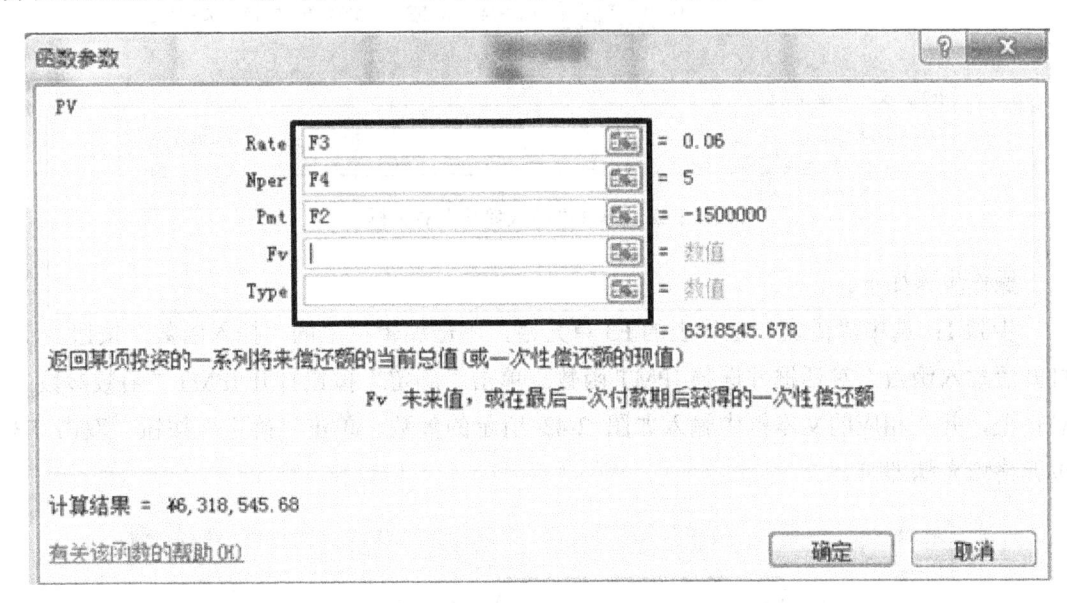

图 2-41　PV"函数参数"对话框

练习题：一个保险推销员向某人推荐一项养老保险，该保险在今后 25 年内于月末可以取得 500 元，购买成本为 75 000 元，假定目前银行存款年利率为 6.7%。你帮他算一算能不能购买这项保险？

（4）PMT 函数

问题描述：张三最想买一辆汽车，但手头现钱不够，决定先向银行贷款 150 000 元，年利率为 7%，一年还清本息，采取固定利率分期等额还款方式，他想知道每个月的还款额是多少？

操作方法：选中"借贷"工作表的 C8 单元格，单击编辑栏上的"插入函数"按钮 f_x，打开"插入函数"对话框并选择 PMT 函数。单击"确定"按钮打开 PMT"函数参数"对话框，并在相应的文本框中输入如图 2-42 所示的参数。单击"确定"按钮。

（5）IPMT 函数

问题描述：张三最想买一辆汽车，但手头现钱不够，决定先向银行贷款 150 000 元，年利率为 7%，一年还清本息，采取固定利率分期等额还款方式，他想知道每个月的还款额中的利息和本金分别是多少？

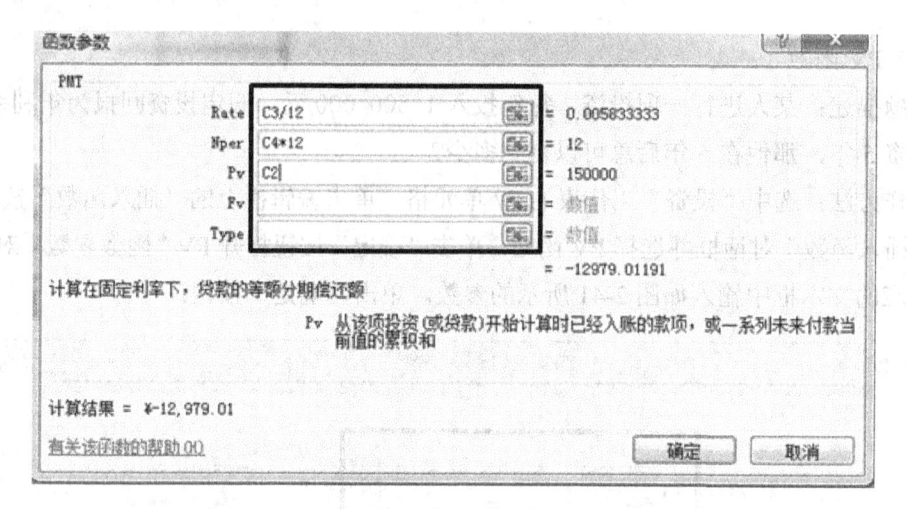

图 2-42　PMT "函数参数" 对话框

操作步骤如下。

步骤 1：选中 "借贷" 工作表的 F3 单元格，单击编辑栏上的 "插入函数" 按钮 f_x，打开 "插入函数" 对话框并选择 IPMT 函数。单击 "确定" 按钮打开 IPMT "函数参数" 对话框，并在相应的文本框中输入如图 2-43 所示的参数。单击 "确定" 按钮。双击 F3 单元格填充柄即可。

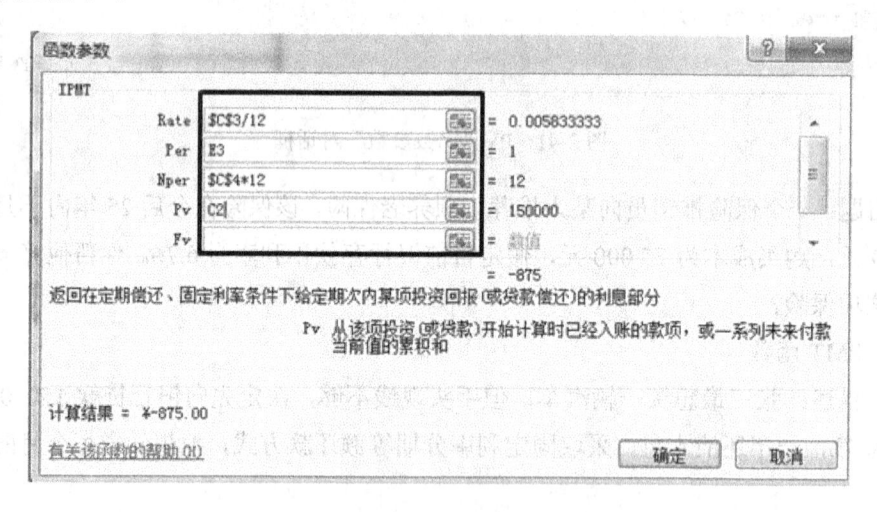

图 2-43　IPMT "函数参数" 对话框

步骤 2：在 G3 单元格中输入公式 "=$C$8-F3"，回车确认，双击 G3 单元格填充柄即可。

2. 信息函数使用

仔细理解 "考勤表" 工作表中信息函数的基本使用方法。

问题描述：某公司对每一个员工早上班都要签到（打√）并打卡记录上班时间，某周五该公司员工早上考勤情况如 "任务 2.4" 中的考勤表所示。现公司主管对公司员工缺勤进行统计处理，若员工已签到则填写 "到岗"，否则填写 "缺勤"。

(1) ISTEXT、ISBLANK、ISNUMBER、N 函数

操作方法：选中"考勤"工作表的 E4 单元格，单击编辑栏上的"插入函数"按钮 f_x，打开"插入函数"对话框并选择 IF 函数。单击"确定"按钮打开 IF"函数参数"对话框，并在相应的文本框中输入如图 2-44 所示的参数。单击"确定"按钮。双击 E4 单元格填充柄即可，得到如图 2-45 所示的结果。

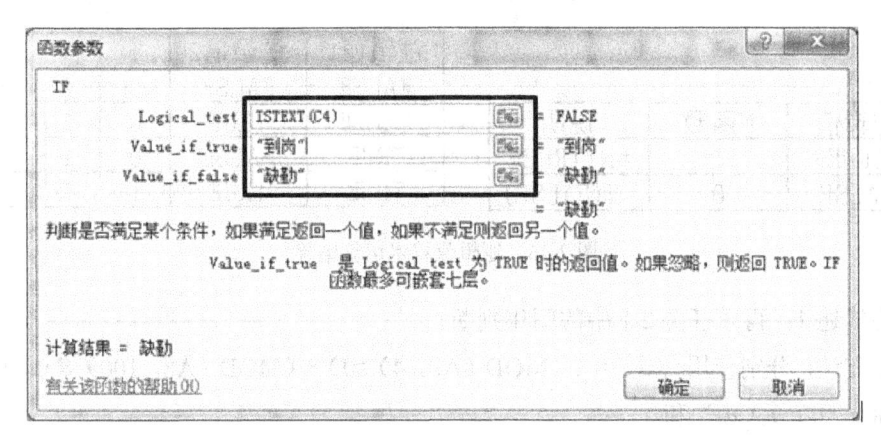

图 2-44 ISTEXT"函数参数"对话框

图 2-45 考勤结果图

同样的方法，自行完成使用 ISBLANK 函数、ISNUMBER 函数完成考勤统计。

(2) ISEVEN、ISODD 函数

仔细理解"性别"工作表中信息函数的基本使用方法。

问题描述：在"性别"工作中，使用 IF、ISODD、ISEVEN 和 MID 函数，根据 B 列中的身份证号码判断性别，结果为"男"或"女"，存放在 C 列中。身份证号倒数第二位为奇数的为"男"，偶数的为"女"。

操作方法：在 C2 单元格中输入公式"=IF（ISODD（MID（B2，17，1）），"男"，"女"）"，回车确认，双击 C2 单元格填充柄即可；也可输入公式"=IF（ISEVEN（MID（B2，17，1）），"女"，"男"）"。

3. 算术运算符扩展应用

使用算术运算符"*"、"+"和"-"可以代替逻辑函数 AND、OR、NOT 函数。通过图 2-46 左侧 N（）函数运算结果可知 Excel 中 TRUE 的值为"1"、FLASE 的值为"0"。乘法"*"得到的结果刚好同 AND 函数，如图 2-46 所示。因此在使用时，经常用"*"来代替 AND 函数。"+"和"-"可自行理解。

逻辑值	N函数	说明
TRUE	1	=N(TRUE)
FALSE	0	=N(FALSE)

逻辑值1	逻辑值2	*	+	-
FALSE	FALSE	0	0	0
FALSE	TRUE	0	1	-1
TRUE	FALSE	0	1	1
TRUE	TRUE	1	2	0

图 2-46　逻辑值算术运算结果

问题描述 1：再求任务 2.1 中的闰年判断。

操作方法：分别使用公式"=（（MOD（A8，4）=0）*（MOD（A8，100）<>0）+（MOD（A8，400）=0））<>0"和

"=IF（（（MOD（A2，4）=0）*（MOD（A2，100）<>0）+（MOD（A2，400）=0））<>0,"闰年","平年"）"。

上述公式利用"*"、"+"来代替 AND、OR 函数。

问题描述 2：再求任务 2.2 中的退休年龄。

操作方法：使用公式"=EDATE（F3，12*（（C3="男"）*5+55））"，此公式利用"*"来代替 IF 函数。

问题描述 3：SUM、数组公式与算术运算符结合使用可以完成多条件求和统计功能。对如图 2-47 所示的工作表数据清单，完成如下统计。

A 序号	B 产品编号	C 生产日期	D 产品单价	E 产品数量
1	AA	36692	1	100
2	AA	36697	1	125
3	BB	36707	2	150
4	BB	36717	2	175
5	CC	36722	3	200
6	CC	36727	3	225
7	AA	36737	1	250
8	AA	36748	1	275
9	BB	36753	2	300
10	BB	36758	2	325
11	CC	36768	3	350
12	CC	36809	3	375
13	DD	36814	4	400
14	DD	36829	4	425

图 2-47　数据清单

（1）求 8 月份产量。
（2）求产品 BB 的 8 月份产量。
（3）求产品 BB 和 CC 的总产值。
（4）求除产品 AA 以外的其他产品的总产量。

操作方法：选中"算术运算符扩展应用"工作表中 K2 单元格，输入公式"SUM((MONTH（C2：C15）=8）*E2：E15）"，并按下 Ctrl+Shift+Enter 组合键，得到如图 2-48 所示的结果。

统计项	结果
a. 求8月份产量	1250
a. 求产品BB的8月份产量	
b. 求产品BB和CC的总产值	
c. 求除产品AA以外的其他产品的总产量	

图 2-48 计算结果

另外统计同样的方法可得到相应结果，读者自行完成。

任务 2.5 Excel 数据分析与管理

一、实验目的

（1）掌握图表的操作，包括图表、迷你图。
（2）掌握排序的方法，包括排序、自定义排序。
（3）掌握分类汇总的方法。
（4）掌握筛选，包括自动筛选、高级筛选。
（5）掌握透视表与透视图的使用。

二、实验内容及操作步骤

以下操作全部在"任务 5.xlsx"文件中完成。

1. 排序
（1）简单排序

问题描述：在 Sheet1 中，以工龄为第一关键字（降序）、以实发工资为第一关键字（降序）对数据进行排序。

操作方法如下：

在 Sheet1 中，单击有数据的任意一个单元格，切换到"数据"选项卡。单击"排序和筛选"选项组的"排序"按钮,打开"排序"对话框。设置"主要关键字"为"工龄","排序依据"为"数值"(注:排序依据也可以是单元格颜色、字体颜色和单元格图标),"次序"为"降序";继续单击"添加条件"按钮,设置"次要关键字"为"实发工资","排序依据"为"数值","次序"为"升序",如图2-49所示。单击"确定"完成排序。单击快速访问工具栏的"保存"按钮保存结果。

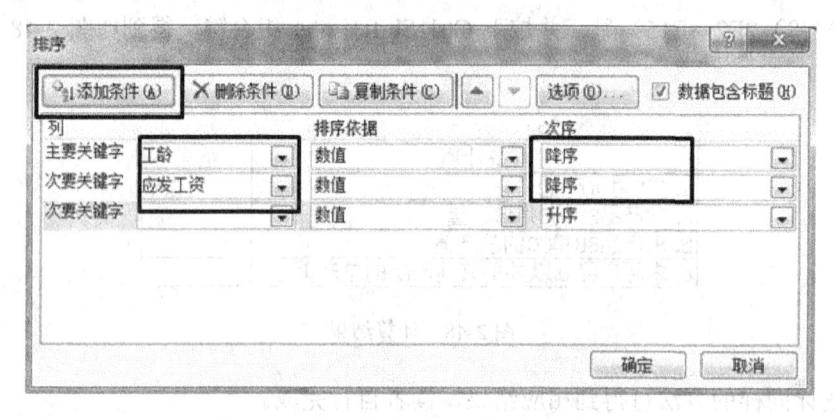

图2-49 "排序"对话框参数设置

(2)自定义排序

问题描述:在Sheet1中,对车间采用自定义序列"一车间,二车间,三车间,四车间,五车间"次序排序。

操作步骤如下。

步骤1:选择Sheet3区域A2:R102,切换到"数据"选项卡,单击"排序和筛选"选项组的"排序"按钮。在"排序"对话框中,设置"主要关键字"为"车间","排序依据"为"数值","次序"为"自定义序列",如图2-50所示。

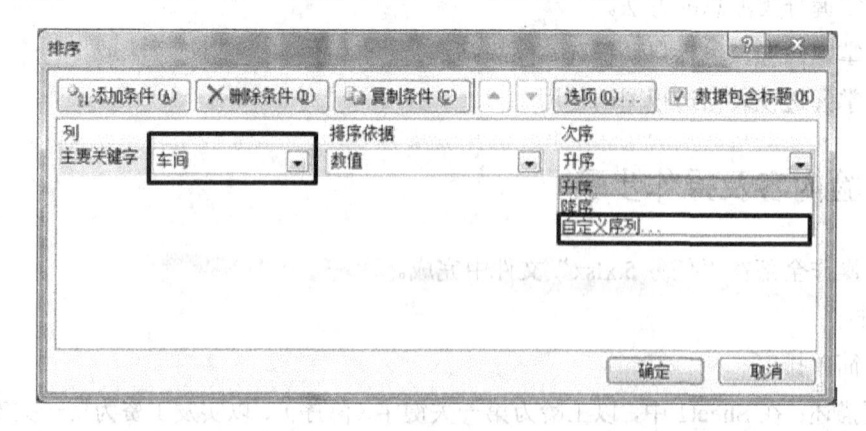

图2-50 "排序"对话框

步骤2:在"输入序列"中输入"一车间,二车间,三车间,四车间,五车间"序列,如图2-51所示,单击"确定"按钮返回到"排序"对话框,再单击"确定"按钮完成设置。

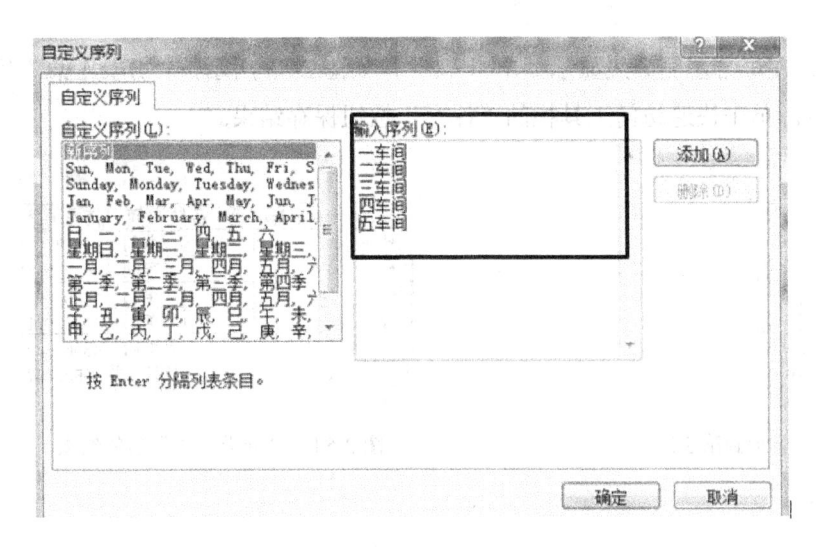

图 2-51 "自定义序列"对话框

2. 分类汇总

问题描述：在 Sheet1 后插入新工作表 Sheet2，将 Sheet1 的"编号，姓名，车间和实发工资制"4 列复制到 Sheet2，对 Sheet2 的数据中进行分类汇总，显示每个车间的平均实发工资，按"一车间，二车间，三车间，四车间，五车间"顺序显示数据，显示到第 2 级（即不显示具体的员工信息）。

操作步骤如下。

步骤 1：在 Sheet2 中，鼠标单击 C 列任意一个有数据的单元格，切换到"开始"选项卡。单击"编辑"选项组的"排序和筛选"按钮，对车间按"一车间，二车间，三车间，四车间，五车间"的顺序排序。鼠标单击任意一个有数据的单元格，切换到"数据"选项卡。单击"分级显示"选项组的"分类汇总"按钮，在"分类汇总"对话框设置参数，如图 2-52 所示，单击"确定"按钮。

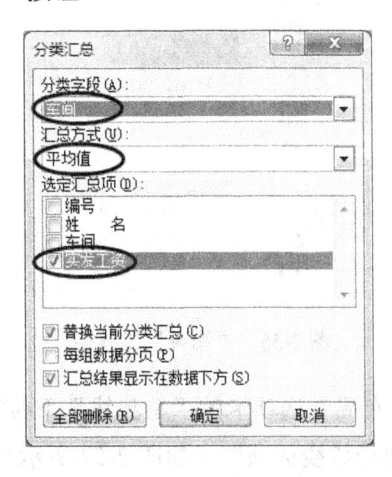

图 2-52 "分类汇总"参数设置

步骤2：在屏幕左侧分级显示处单击"2"，如图2-53所示，"分类汇总"后的结果如图2-54所示。单击快速访问工具栏的"保存"按钮保存结果。

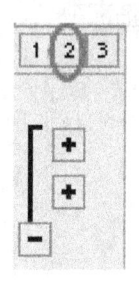

图2-53　显示到第2级

图2-54　"分类汇总"后的结果

3. 图表

问题描述：对Sheet2中的分类汇总数据，产生二维簇状柱形图。其中以"一车间"、"二车间"等为水平（分类）轴标签。"总销售量"为图例项，并要求添加对数趋势线。

操作步骤如下。

步骤1：在Sheet2中，单击数据区域的任意一个单元格，切换到"插入"选项卡。单击"图表"选项组的"柱形图"下拉箭头，在弹出的下拉列表中选择"二维柱形图"中的"簇状柱形图"，如图2-55所示，生成图表（提示：此时同时打开了"图表工具设计"选项卡、"图表工具布局"选项卡、"图表工具格式"选项卡。）。

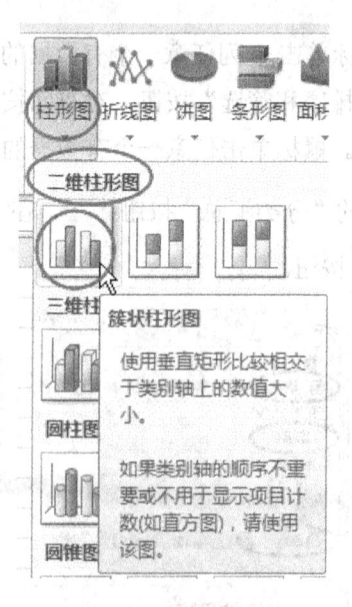

图2-55　"图表"工具栏

步骤2：单击"图表工具布局"选项卡的"趋势线"下拉箭头（如图2-56所示），在弹出的下拉列表中选择"其他趋势线选项"（如图2-57所示），打开"设置趋势线格式"对话框。

模块 2　Excel 2010 高级应用实验

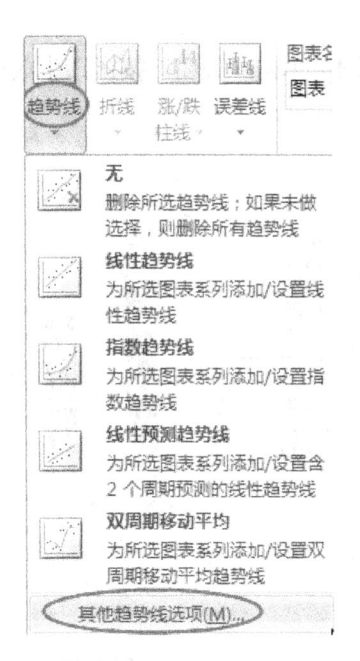

图 2-56　"图表工具"栏　　　　　　　　　图 2-57　"趋势线"选项

步骤 3：在"设置趋势线格式"对话框中，设置"趋势线选项"为"对数"，如图 2-58 所示。

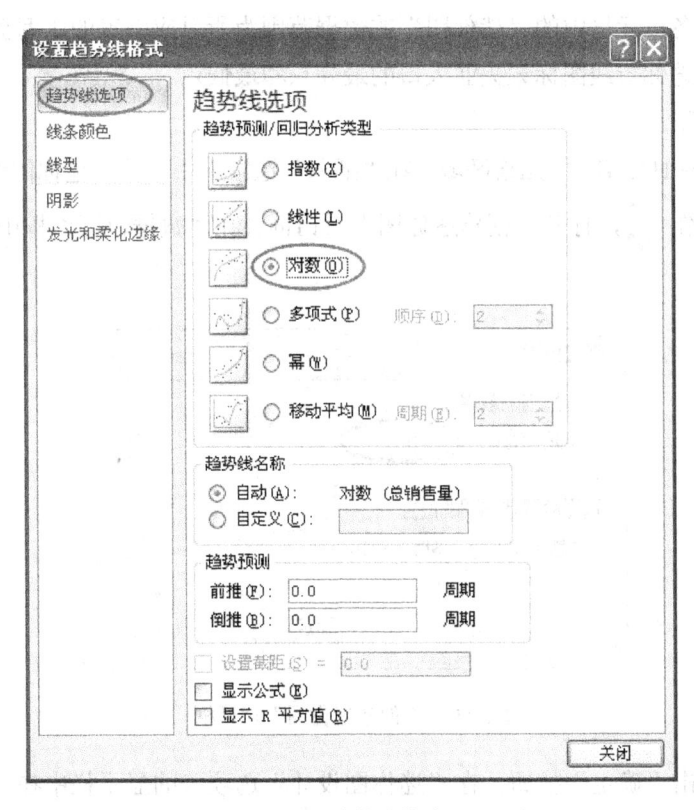

图 2-58　"设置趋势线格式"对话框

83

步骤4：单击"关闭"按钮，生成如图2-59所示图表。

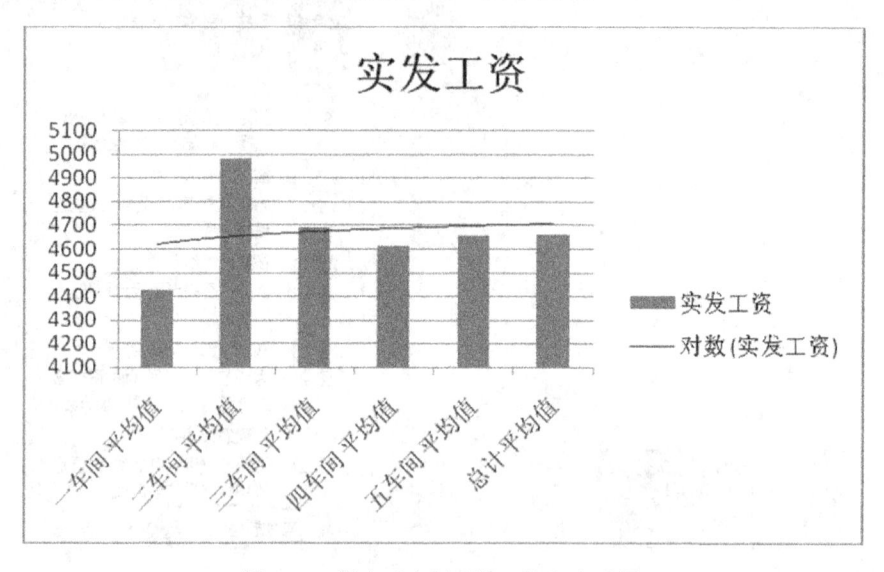

图2-59 图表"车间平均工资"完成图

4. 迷你图

问题描述：在"迷你图"工作表的H3:H8单元格中，插入用于统计失业人口变化趋势的迷你折线图，各单元格中的"迷你图"的数据范围为所对应国家的1月到6月的失业人口数据。并为各迷你折线图标记失业人口的最高点和最低点。

操作步骤如下。

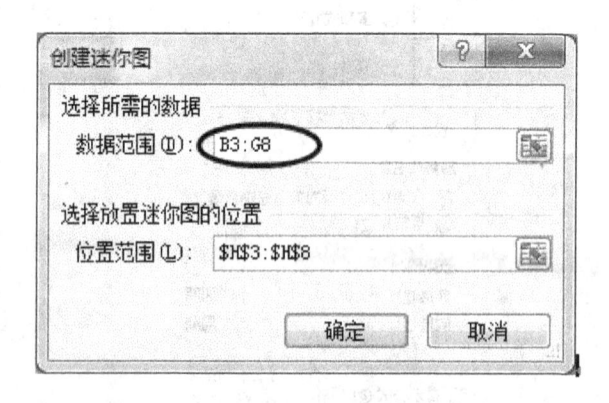

步骤1：选择H3:H8单元格区域。在"插入"选项卡中，单击迷你图组中的"插入迷你图折线图"按钮，打开"创建迷你图"对话框。在"数据范围"框中选择B3:G8，如图2-60所示。

图2-60 "创建迷你图"对话框

步骤2：单击"确定"按钮，在"迷你图设计"选项卡的显示栏中在"高点"和"低点"复选框中打上"√"如图2-61所示，创建如图2-62所示的迷你折线图。

图 2-61　设置迷你图高低点

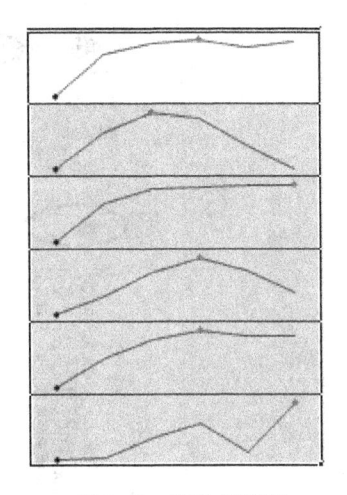

图 2-62　迷你折线图

5. 筛选

（1）自动筛选

问题描述：对 Sheet1 工作表启用筛选，筛选出姓"李"或姓"陈"的，且基本工资大于或等于 3100 的数据行。其中筛选出姓"李"或姓"陈"，要求采用自定义筛选方式。

操作步骤如下。

步骤 1：在 Sheet1 中，单击任意一个有数据的单元格，切换到"数据"选项卡。单击"排序和筛选"选项组的"筛选"按钮，如图 2-63 所示（此时各字段均出现了筛选下拉按钮。）。

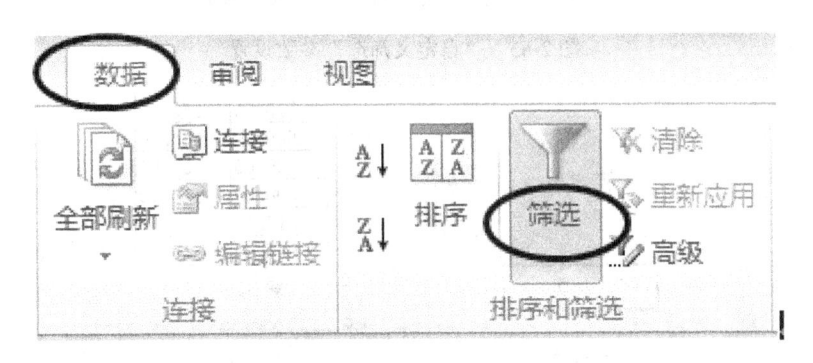

图 2-63　"筛选"命令

步骤 2：单击"姓名"列的筛选下拉按钮，在弹出的菜单中选择"文本筛选"下的"自定义筛选"（如图 2-64 所示），打开"自定义自动筛选"对话框。

步骤 3：在"自定义自动筛选方式"对话框，设置参数如图 2-65 所示。单击"确定"按钮。注：对于通配符，*代表任意多（0 个，1 个，多个）个字符，?代表任意 1 个字符。

步骤 4：单击"基本工资"列的筛选下拉按钮，在弹出的菜单中选择"数字筛选"下的"大于或等于"（如图 2-66 所示），打开"自定义自动筛选"对话框。

图 2-64 对姓名选择"自定义筛选"

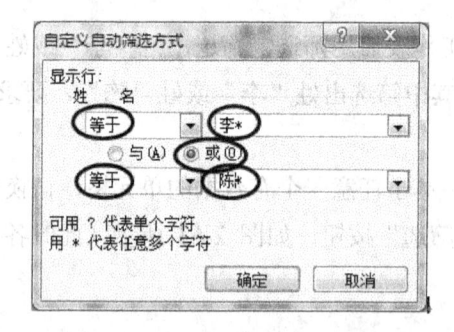

图 2-65 "自定义筛选"参数设置

图 2-66 "基本工资"列筛选

步骤 5：在"自定义自动筛选方式"对话框中设置参数如图 2-67 所示。单击"确定"按钮。单击快速访问工具栏的"保存"按钮保存结果。

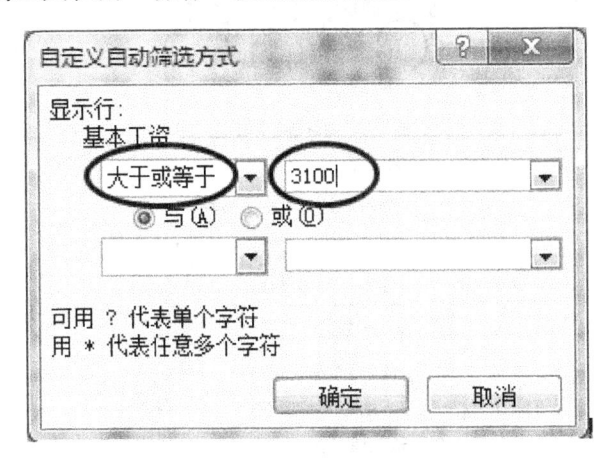

图 2-67 "基本工资"筛选参数设置

（2）高级筛选

问题描述：将 Sheet1 中的"某工厂员工工资表"复制到工作表"高级筛选"，并对工作表"高级筛选"进行高级筛选。

① 要求

* 筛选条件为："一车间"或"五车间"的"高级工程师"或"实发工资">=5 000。
* 将筛选结果保存在工作表"高级筛选"中。

② 注意事项

* 无须考虑是否删除或移动筛选条件。
* 复制过程中，将标题项"某工厂员工工资表"连同数据一同复制。
* 复制数据表后，粘贴时，数据表必须顶格放置。
* 复制过程中，保持数据一致。

操作步骤如下。

步骤 1：复制表格。粘贴表格时，要注意顶格放置。本题中，粘贴时，右键单击选择"粘贴选项"中的第一项，如图 2-68 所示。单击"确定"按钮完整地复制了"工资表"。

（注意当某单元格出现"########"时，表示单元格宽度不够，此时，可调整单元格的宽度以完整地看到单元格数据。）

步骤 2：建立高级筛选的条件区域。在数据区域的下方，根据题目要求建立条件区域，如图 2-69 所示（建议直接复制表格中的相关字段）。注意：同列的条件为"或"，同行的条件为"与"，不同行的条件为"或"。以下条件区域的条件为：（（车间="一车间" OR 车间="五车间"）AND 技术员="高级工程师"）OR（实发工资>=5 100）。

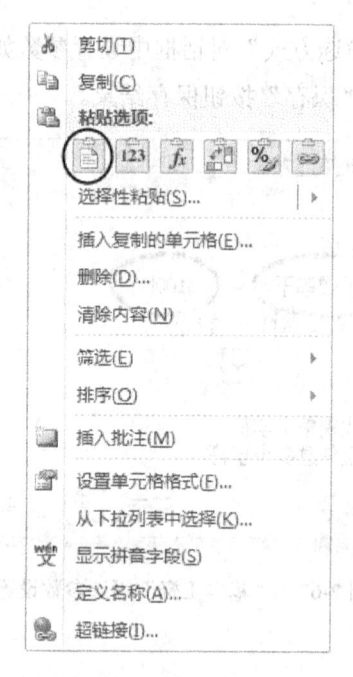

图 2-68 选择"粘贴选项"

车间	技术员	实发工资
一车间	高级工程师	
五车间	高级工程师	
		>=5000

图 2-69 高级筛选的条件区域

步骤 3：单击数据区域中的任一单元格，然后切换功能区的"数据"选项卡。在"排序和筛选"选项组中单击"高级"按钮，打开"高级筛选"对话框。此时，"列表区域"的文本框中已自动填入所有数据区域。再把光标定位在"条件区域"文本框内，拖动鼠标选中条件区域（如图 2-70 所示），单击"确定"按钮完成设置。注意筛选出的数据特点。

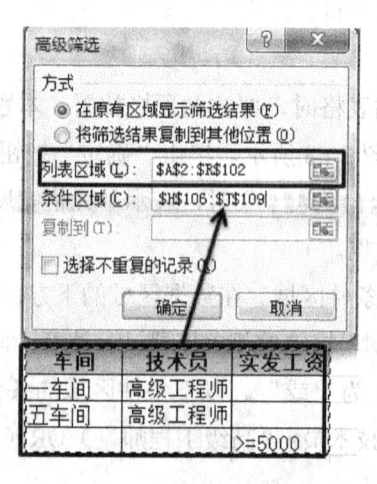

图 2-70 选择条件区域

6. 透视表与透视图

问题描述：根据 Sheet1 中"某工厂员工工资表"，新建一个数据透视表，保存在新建工作表中。要求：

* 显示每个车间不同性别员工的平均工资。
* 行区域设置为"车间"。
* 列区域设置为"性别"。
* 数据区域设置为"平均实发工资"，保留 2 位小数。

操作步骤如下。

步骤 1：选择 Sheet1 数据区域的任一单元格，切换到功能区中的"插入"选项卡。在"表格"选项组中单击"数据透视表"下拉箭头，在弹出的菜单中选择"数据透视表"命令（如图 2-71 所示），打开"创建数据透视表"对话框。

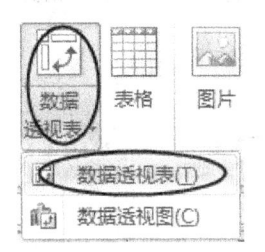

图 2-71 "数据透视表"菜单

此时，在"选择一个表或区域"单选按钮下方的"表/区域"文本框中自动填入了表格的数据区域，如图 2-72 所示。

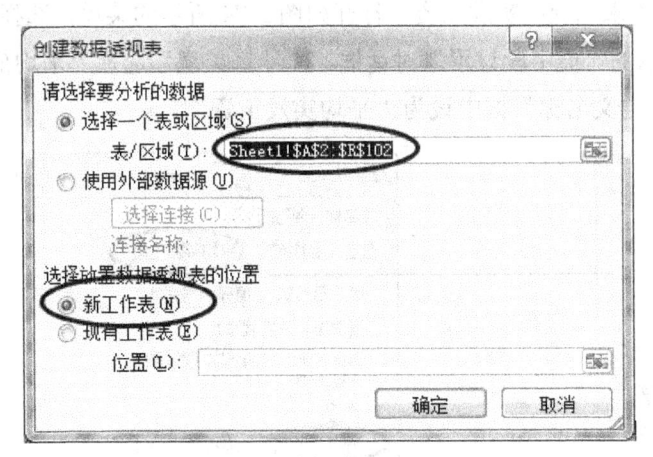

图 2-72 创建数据透视表

步骤 2：选择"新工作表"单选按钮，单击"确定"按钮，进入数据透视表设计环境。从"选择要添加到报表的字段"列表框中，在"车间"字段上单击右键，选择"添加到行标签"，如图 2-73 所示。用同样的方法完成列区域和数据区域设置。注：也可以将"车间"

直接拖到行标签,将"性别"直接拖到列标签,将"实发工资"直接拖到数值。

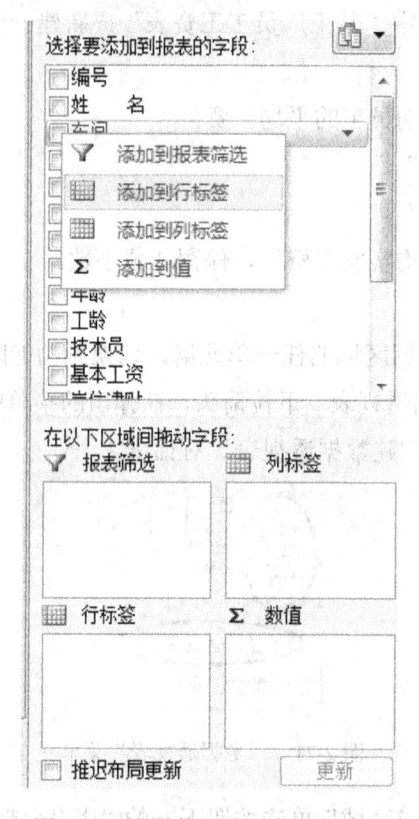

图 2-73 设置数据透视表字段列表

步骤 3:单击"求和项:实发工资"打开如图 2-74 所示的菜单,选择"值字段设置",打开如图 2-75 所示的"值字段设置"对话框。"计算类型"选择"平均值",也可自定义名,例如,在"自定义名称"框中设为"平均实发工资"。

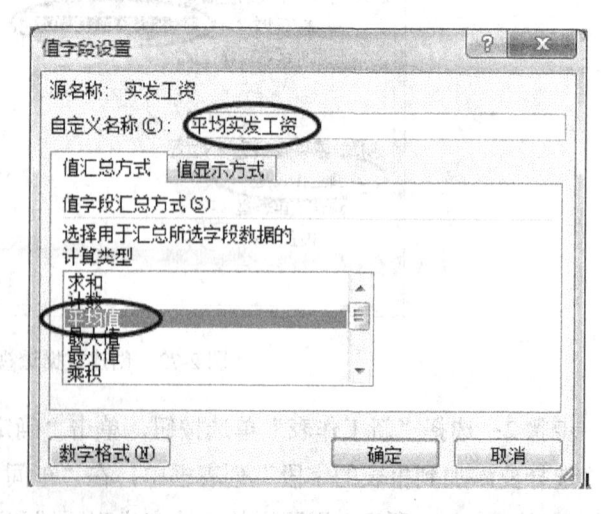

图 2-74 设置数值菜单　　　　　　　　图 2-75 "值字段设置"对话框

步骤4：单击"数字格式"按钮可以打开如图2-76所示"设置单元格格式"对话框，完成数据格式设置。设置完成后单击"确定"按钮（行标签、列标签都可重新定义，如行标签改为"车间"，列标签改为"性别"），最后的效果图如图2-77所示。

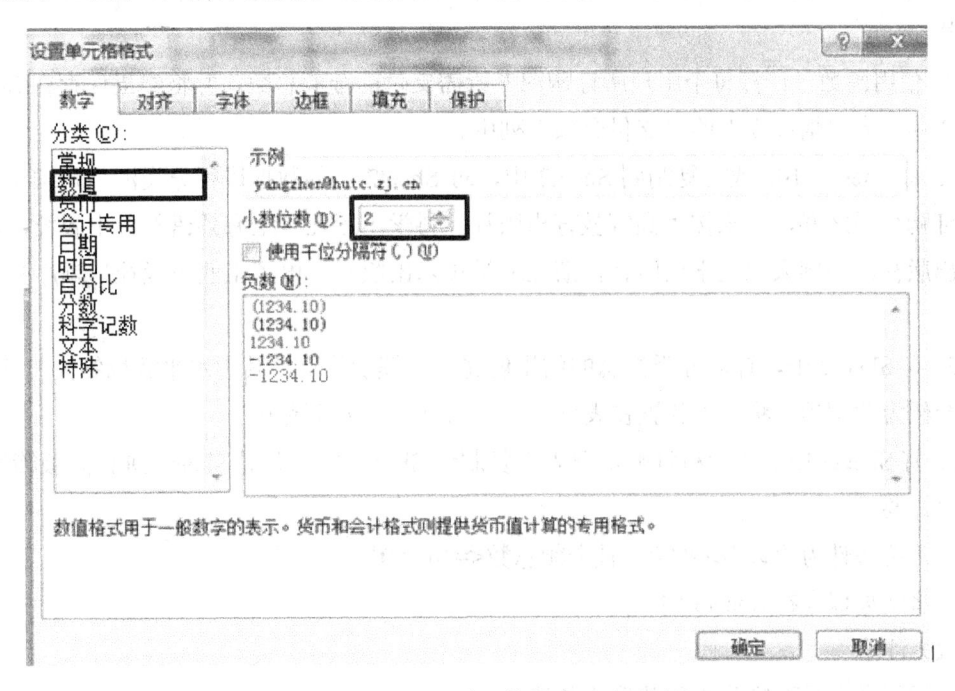

图2-76　"设置单元格格式"对话框

图2-77　数据透视表效果图

透视图做法同透视表，这里就不再赘述了。

三、练习

1. 使用数组公式，对 Sheet1 中"教材订购情况表"的订购金额进行计算。

* 将结果保存在该表的"金额"列当中。

* 计算方法：金额＝订数*单价。

2. 使用统计函数，对 Sheet1 中"教材订购情况表"的结果按以下条件进行统计，并将结果保存在 Sheet1 中的相应位置。要求：

* 统计出版社名称为"电子工业出版社"的书的种类数，并将结果保存在 Sheet1 中的 L2 单元格中。

* 统计订购数量大于 110 且小于 850 的书的种类数，并将结果保存在 Sheet1 中的 L3 单元格中。

3. 使用函数，计算每个用户所订购图书所需支付的金额总数，并将结果保存在 Sheet1 中的"用户支付情况表"的"支付金额"列中。

4. 将 Sheet1 中的数据复制到 Sheet2 中，对 Sheet2 中的数据进行分类汇总，求出各出版社订购金额之和，要求按"高等教育出版社，科学出版社，上海外语教育出版社，清华大学出版社，中国人民大学出版社，浙江科学技术出版社，电子工业出版社"顺序显示信息。

5. 在 Sheet2 中，针对分类汇总的结果创建二维簇状柱形，其中水平簇标签为出版社，订购金额为图例项，将图表放置在表格下方的 A61：D77 区域中。

6. 将 Sheet1 中的"教材订购情况表"复制到 Sheet3 中，并对 Sheet3 进行高级筛选。

（1）要求

* 筛选条件为"订数>=500，且金额总数<=30 000"。

* 将结果保存在 Sheet3 中。

（2）注意

* 无须考虑是否删除或移动筛选条件。

* 复制过程中，将标题项"教材订购情况表"连同数据一同复制。

* 数据表必须顶格放置。

* 复制过程中，数据保持一致。

7. 根据 Sheet1 中"教材订购情况表"的结果，在 Sheet4 中新建一张数据透视表，要求：

* 显示每个客户在每个出版社所订的教材数目。

* 行区域设置为"出版社"。

* 列区域设置为"客户"。

* 求和项为订数。

* 数据区域设置为"订数"。

8. 根据 Sheet1 中"教材订购情况表"的结果，在 Sheet5 中新建一张数据透视图，要求：

* 显示每个出版社所订的教材数目。

* x（轴字段）坐标设置为"出版社"。

* 求和项为订数。

模块 3　PowerPoint 2010 高级应用实验

任务 3.1　PowerPoint 编辑

一、实验目的

（1）掌握文本、段落的格式化，包括字符格式化、段落格式化，项目符号的添加、修改、删除及升降级。

（2）掌握演示文稿的编辑，包括演示文稿文字或幻灯片的插入、修改、删除、选定、移动、复制、查找、替换、隐藏；页面设置。

（3）掌握主题（模板）的使用。

（4）掌握图文处理，包括在幻灯片中使用文本框、图形、图表、表格、图片、艺术字、SmartArt 图形等，添加特殊效果，当前演示文稿中超链接的创建与编辑。

（5）掌握使用、创建、修改、删除配色方案，包括以下颜色的设置（背景颜色、文本与线条颜色、阴影颜色、标题文本颜色、填充颜色、强调颜色、强调文字与超链接、强调文字与已访问的超链接等）。

（6）掌握母板的使用，包括标题母板、幻灯片母板的编辑并使用（母板字体设置、日期区设置、页码区设置）。

二、实验内容及操作步骤

以下操作在"任务 1.pptx"中完成。

1. 文本、段落编辑

问题描述 1：将第 1 张幻灯片的主标题文本"如何建立卓越的价值观"的字体设置为"隶书"、50 号。

操作方法：单击第 1 张幻灯片，选中标题"如何建立卓越的价值观"，切换到功能区的"开始"选项卡，在"字体"选项卡中，设置字体为"隶书"，字号设为"50"如图 3-1 所示。

问题描述 2：将"价值观的作用"所在幻灯片的文本区，设置行距为：1.2 行。

操作方法：单击"价值观的作用"所在幻灯片，选中文本区所有内容，切换到功能区的"开始"选项卡，单击"段落"选项组中的"行距"按钮，选择"行距选项"如图 3-2 所示。单击"段落"选项组中的"段落"按钮，打开"段落"对话框。设置"行距"为"多倍行距"，"设置值"为"1.2"，单击"确定"按钮，如图3-3 所示。

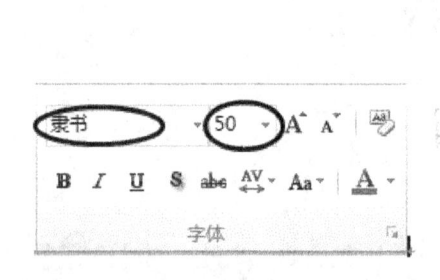

图 3-1　设置字体字号　　　　　图 3-2　行距选项

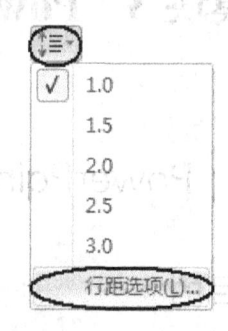

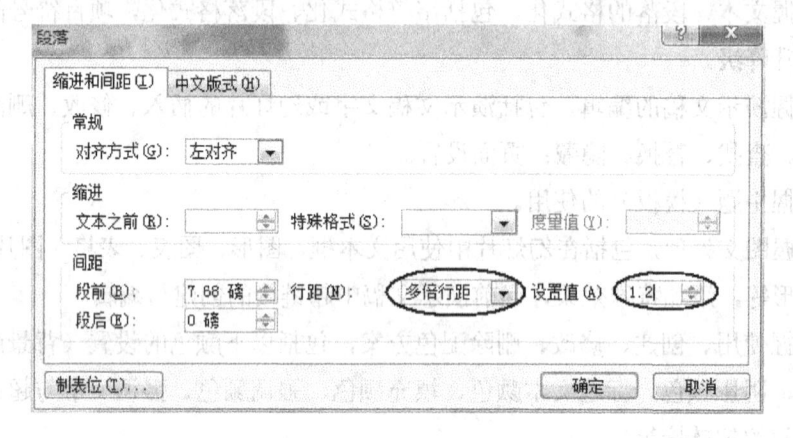

图 3-3　"段落"对话框

问题描述 3：将"价值观的作用"所在幻灯片中的"价值观是信念的一部分，且是信念的核心"降低到下一个较低的标题级别。

操作方法：单击"价值观的作用"所在幻灯片，将光标定位到"价值观是信念的一部分，且是信念的核心"前，设置"增大缩进级别"。

问题描述 4：将第 6 张幻灯片中文本框内的一级文本项目符号改为➤。

操作方法：选择第 6 张幻灯片中文本框内的一级文本文本，切换到功能区的"开始"选项卡，单击"段落"选项组中的"项目符号"按钮，打开如图 3-4 所示项目对话框，选择"箭头项目符号"即可。注：选择"无"则会删除项目符号。

2．演示文稿的编辑

问题描述 1：在幻灯片的最后添加一张"空白"版式的幻灯片。

操作方法：选中最后一张幻灯片，切换到功能区的"开始"选项卡。单击"幻灯片"选项组中的"新建幻灯片"下拉箭头，在弹出的下拉列表中选择"空白"，如图 3-5 所示。

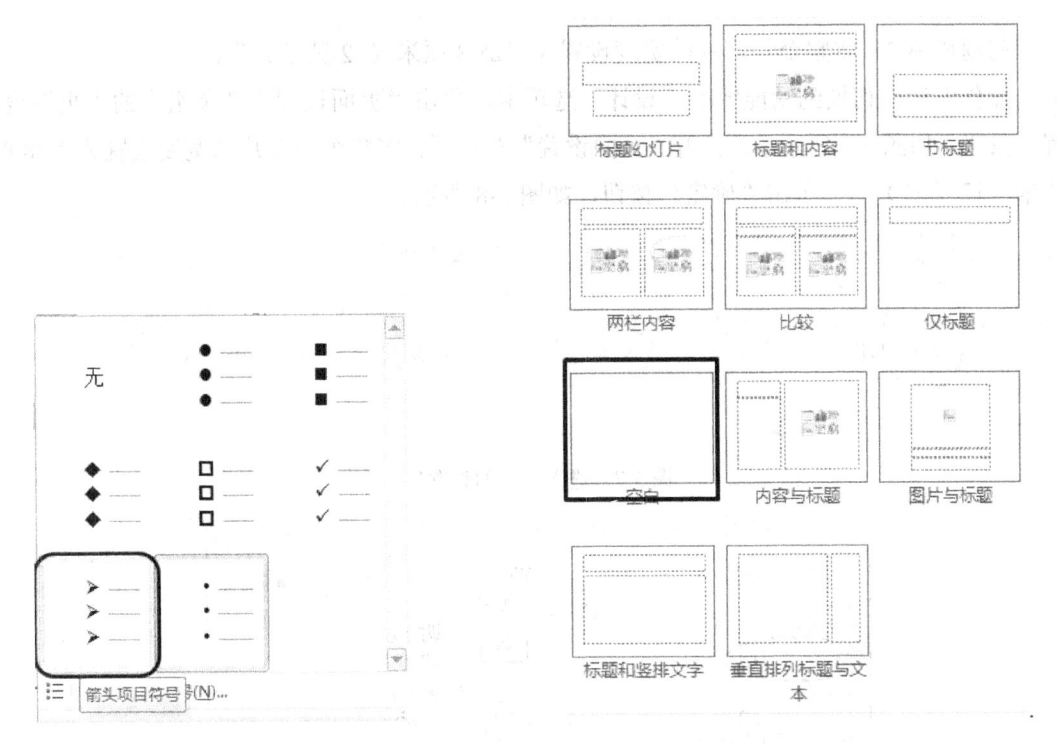

模块 3　PowerPoint 2010 高级应用实验

图 3-4　修改、添加和删除项目符号　　　　图 3-5　插入"空白"版式幻灯片

问题描述 2：将第 1 张幻灯片的版式设置为"标题幻灯片"，并添加主标题内容为"办公软件高级应用实验"，添加副标题内容为"PowerPoint 高级应用实验"。

操作方法：选中第一张幻灯片，单击鼠标右键，打开如图 3-6 所示的快捷菜单，选择"版式"，出现 Office 主题对话框，单击"标题幻灯片"；在主、副标题定位符中输入相应内容。

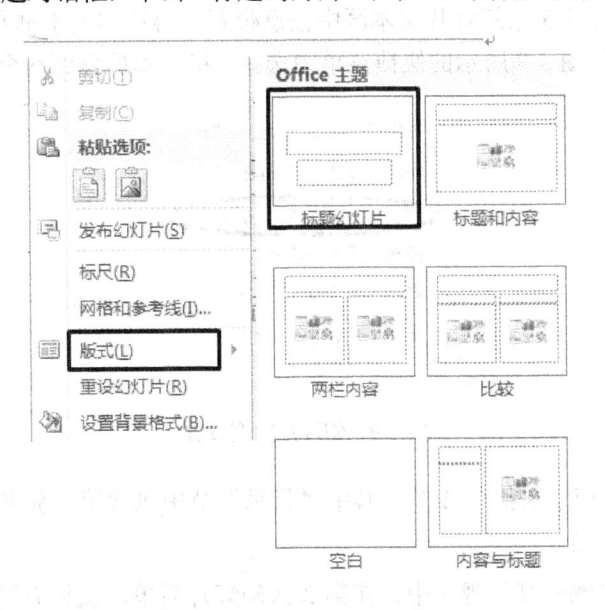

图 3-6　修改幻灯片版式

办公软件高级应用实践教程

问题描述 3：将整个幻灯片的宽度设置为"28.8 厘米（12 英寸）"。

操作方法：切换到功能区的"设计"选项卡，单击"页面设置"选项组中的"页面设置"按钮（如图 3-7 所示），打开"页面设置"对话框。将整个幻灯片的宽度设置为"28.8 厘米（12 英寸）"，单击"确定"按钮，如图 3-8 所示。

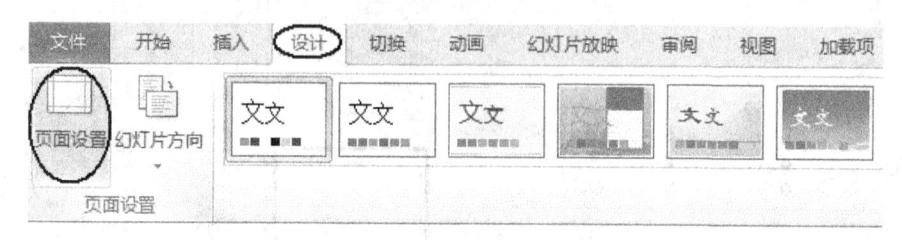

图 3-7　进入"页面设置"

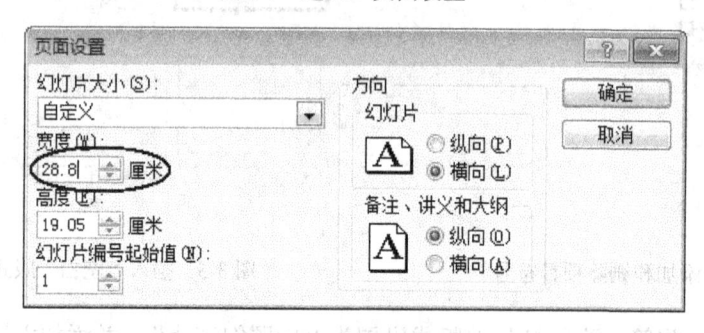

图 3-8　幻灯片宽度设置

问题描述 4：由于第 5 张幻灯片中的内容较多，将第 5 张幻灯片中的内容区域文字自动拆分为 2 张幻灯片进行展示。

操作方法：单击第 5 张幻灯片文本区中任意位置，再单击文本框左下角出现自动调整选项，在出现的如图 3-9 所示的快捷菜单中选择"将文本拆分到两个幻灯片"命令即可。

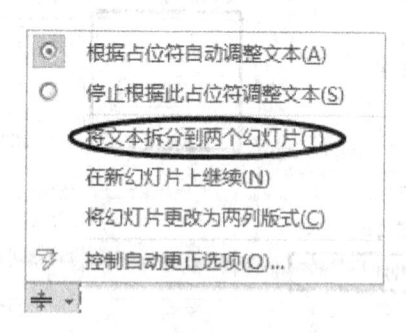

图 3-9　幻灯片宽度设置

问题描述 5：为演示文稿分 2 节，其中"目录"节中包含第 1 张和第 2 张幻灯片，剩余幻灯片为"内容"节。

操作方法：在左侧幻灯片视图中，在第 2 张幻灯片后单击鼠标右键，在弹出如图 3-10 所示快捷菜单中选择"新增节"命令。在节符号上单击鼠标右键，在弹出如图 3-11 所示快

96

捷菜单中选择"重命名节"命令,打开如图 3-12 所示"重命名节"对话框。输入"节名称"为"目录",单击"重命名"按钮即可。

图 3-10 "新增节"快捷菜单　　图 3-11 节操作快捷菜单　　图 3-12 "重命名节"对话框

3. 页眉页脚

问题描述 1:在所有幻灯片中插入幻灯片编号。

操作方法:切换到功能区的"插入"选项卡,单击"文本"选项组中的"页眉和页脚"按钮,打开"页眉和页脚"对话框(如图 3-13 所示)。在"幻灯片"选项卡中选中"幻灯片编号"复选框,单击"全部应用"按钮,如图 3-14 所示。

图 3-13 进入"页眉和页脚"

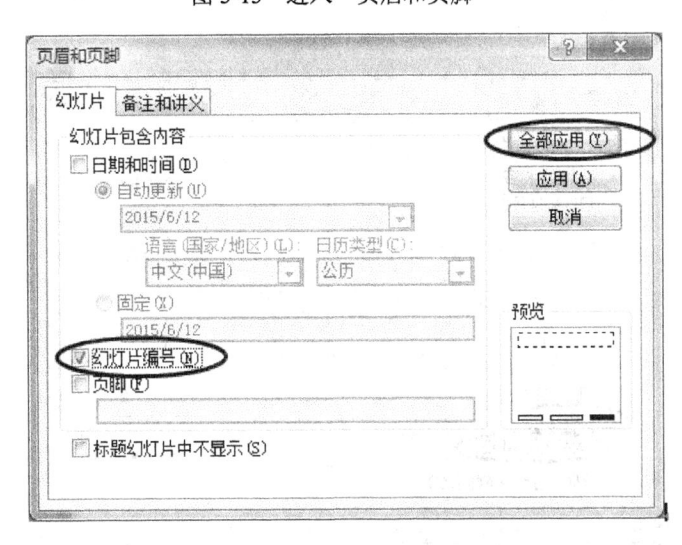

图 3-14 幻灯片编号

问题描述 2：给幻灯片插入日期（自动更新，格式为×年×月×日）

操作方法：同插入幻灯片编号操作，只是在"页眉和页脚"对话框中要选中"日期和时间"复选框，再单击选中"自动更新"单选按钮，然后单击"全部应用"按钮，选择日期格式"2015 年 6 月 12 日"，如图 3-15 所示。

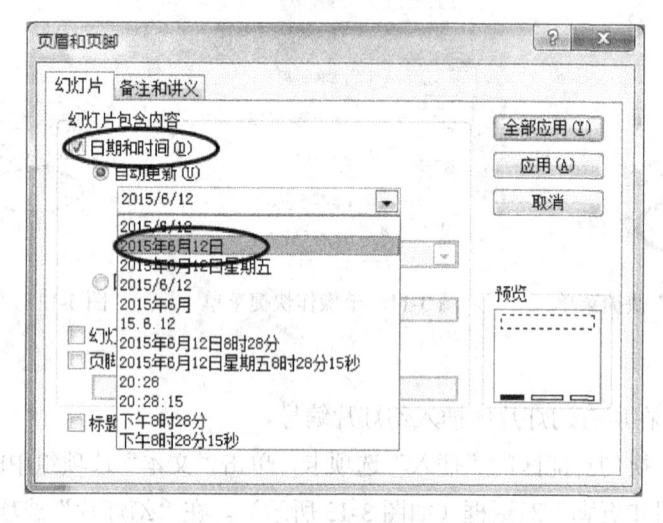

图 3-15　自动更新日期

问题描述 3：设置页脚，使除标题版式幻灯片外，所有幻灯片的页脚文字为"大学生与价值观"（不包括引号）。

操作方法：切换到功能区的"插入"选项卡，单击"文本"选项组中的"页眉和页脚"按钮，打开"页眉和页脚"对话框。在"幻灯片"选项卡中，选中"页脚"复选框并输入"大学生与价值观"，选中复选框"标题幻灯片中不显示"，单击"全部应用"按钮，如图 3-16 所示。

图 3-16　页脚设置

4. 图、图表、表格操作

问题描述 1：将 PPT 实验素材文件夹下的图片文件任务 1.png 插入到第 4 张幻灯片合适的位置。

操作方法：切换到功能区的"插入"选项卡，单击"文本"选项组中的"图片"按钮，打开"插入图片"对话框。找到目标文件夹 PPT 实验素材，选中任务 1.png，单击"插入"按钮，如图 3-17 所示。

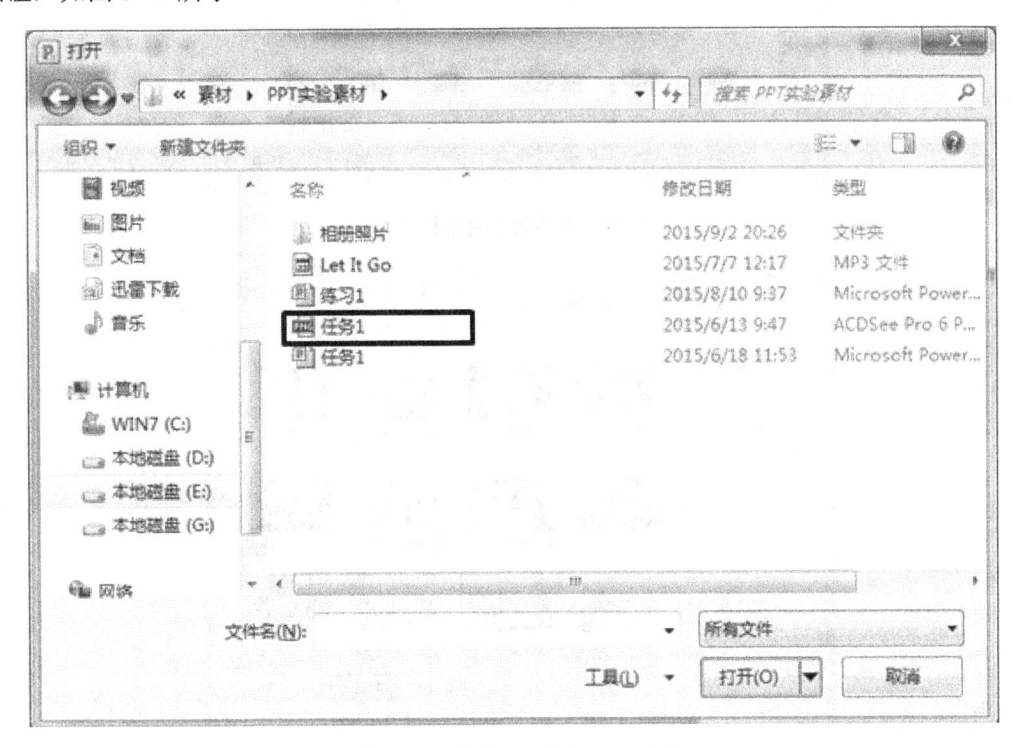

图 3-17 "插入图片"对话框

问题描述 2：利用 PowerPoint 创建一个相册，并包含实验素材\相册照片文件下的所有摄影作品。在每张幻灯片中包含 4 张图片，并将每幅图片设置为"居中矩形阴影"相框形状。以"相册.pptx"命名演示文稿。

操作方法：切换到功能区的"插入"选项卡，单击"图像"选项组中的"相册"按钮，选择"新建相册"，打开如图 3-18 所示"相册"对话框（1）。单击"文件/磁盘"打开如图 3-19 所示"插入新图片"对话框。找到目标文件夹相册，选中所有图片，单击"插入"按钮。返回到如图 3-20 所示"相册"对话框（2），"图片版式"选择"4 张图片"，"相册形状"选择"居中矩形阴影"，再单击"创建"按钮，此时新建了一个未命名的演示文稿，以"相册.pptx"保存。

问题描述 3：在演示文稿最后插入"内容与标题"幻灯片，在幻灯片内容区插入一个标准拆线图，并如图 3-21 所示数据信息调整图表内容。

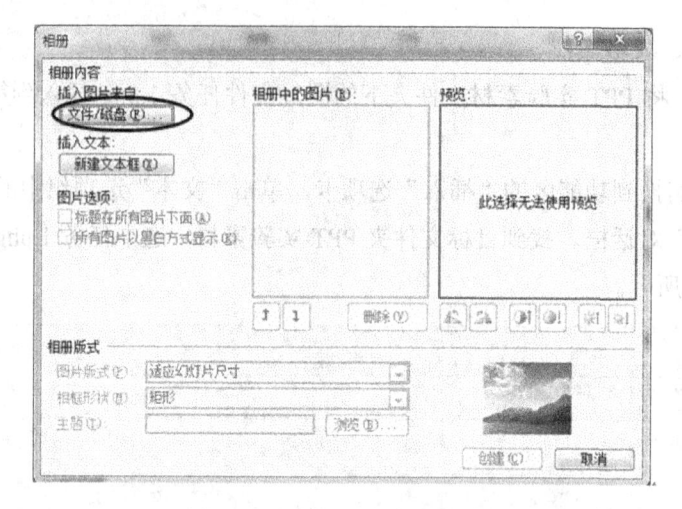

图 3-18 "相册"对话框（1）

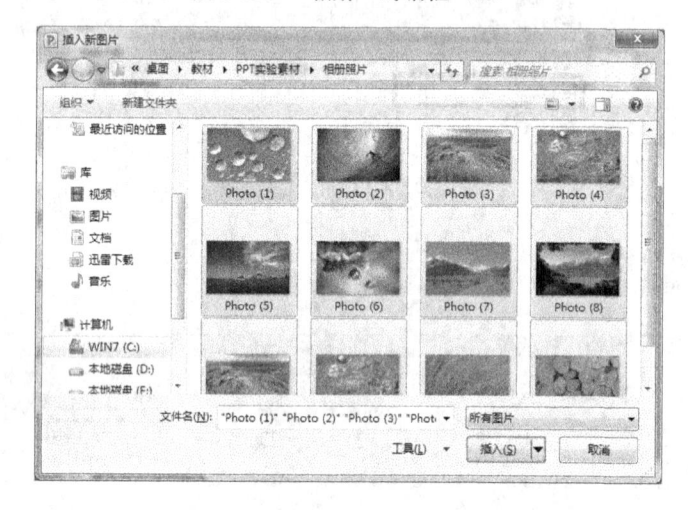

图 3-19 "插入新图片"对话框

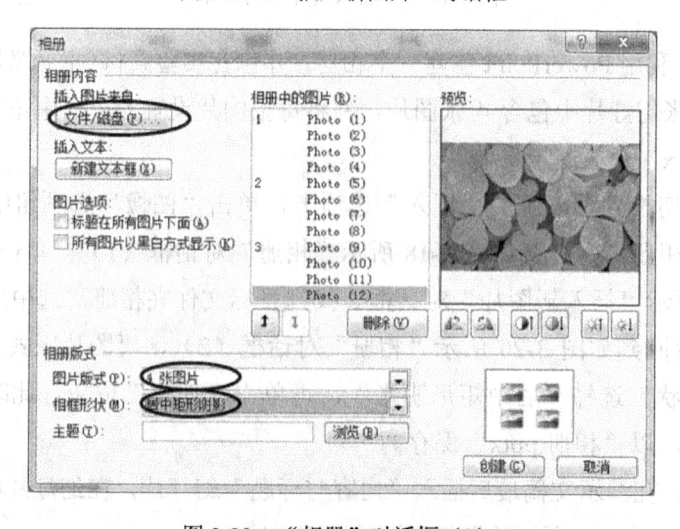

图 3-20 "相册"对话框（2）

	非常强	一般	不太好	很差	自己也不清楚
社会人士	11.10%	46.23%	29.04%	12.61%	1.11%
学生	20.08%	30.16%	35.48%	3.57%	10.71%

图 3-21　社会人士和学生对于当代大学生心理承受能力数据

操作步骤如下。

步骤 1：在演示文稿最后一张的版式改为"内容与标题"幻灯片。

步骤 2：在幻灯片右侧内容区，单击"插入图表"命令，打开如图 3-22 所示"插入图表"对话框。单击"拆线"图，再选择"标准拆线"，单击"确定"按钮，打开如图 3-23 所示 Excel 软件界面，输入指定数据后关闭 Excel 即可。

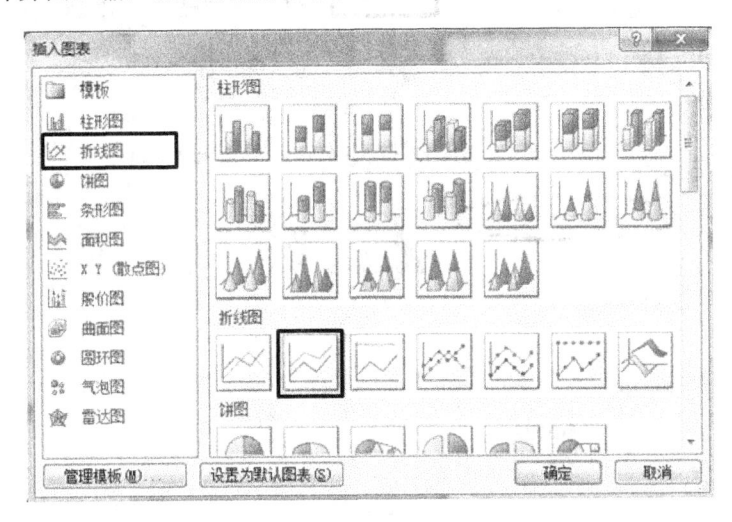

图 3-22　"插入图表"对话框

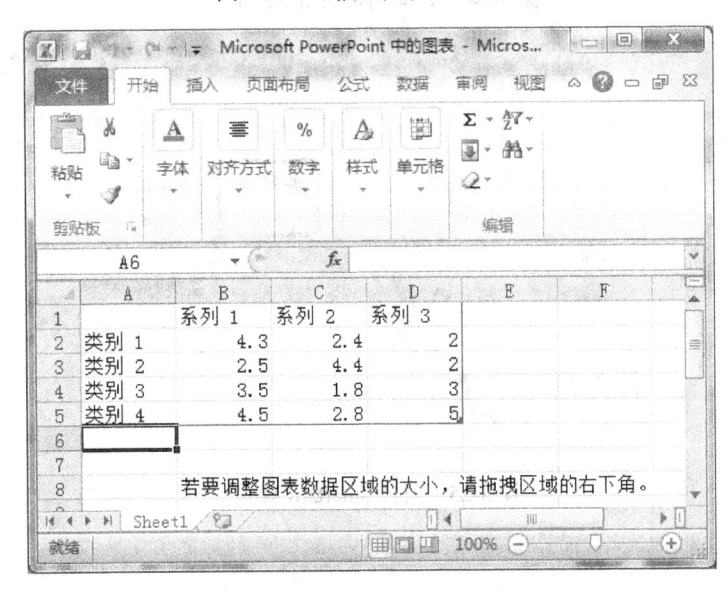

图 3-23　调整数据 Excel 工作表

问题描述 4：为了布局美观，将第 7 张（价值观的体系）中的内容区域文字转换为"水平项目符号列表"SmartArt 布局，并设置该 SmartArt 样式为"中等效果"。

操作方法：右击第 7 张中的内容区域任何地方，打开如图 3-24 所示的快捷菜单，选择"转换为 SmartArt"，在 SmartArt 布局项中选择"水平项目符号列表"。在"SmartArt 工具"选项卡中 "SmartArt 样式"组中选择"中等效果"即可，如图 3-25 所示。

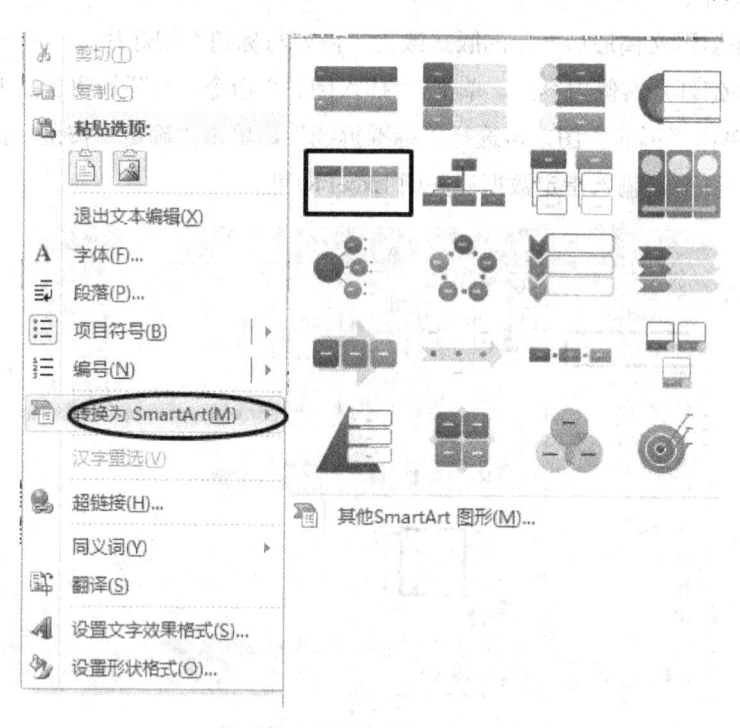

图 3-24 文本转换 SmartArt 布局

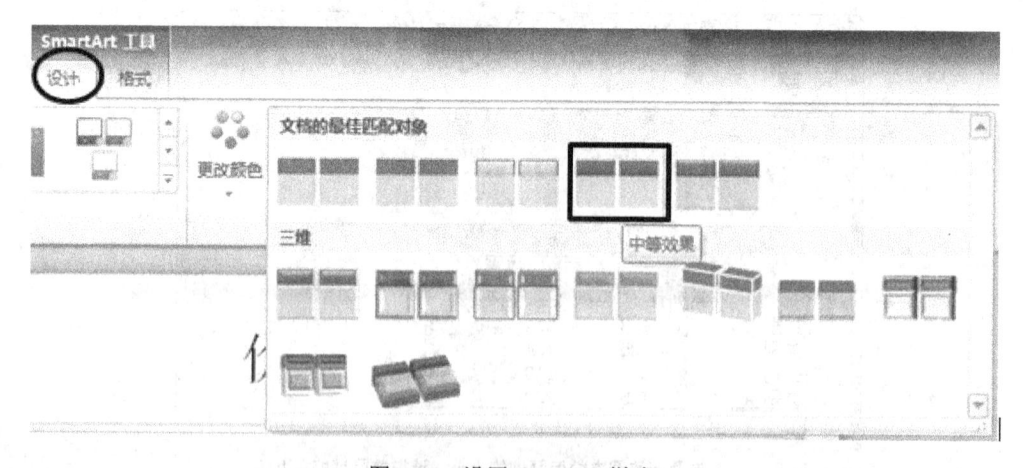

图 3-25 设置 SmartArt 样式

5. 主题（模板）

问题描述：幻灯片的设计模板设置为"暗香扑面"。

操作方法：切换到功能区的"设计"选项卡，单击"主题"选项组中右侧的"其他"按钮即下拉箭头（如图 3-26 所示），在打开的下拉列表中选择"内置"项目中的"暗香扑面"主题，如图 3-27 所示。当然可以单击图 3-27 中的"浏览主题"按钮也可以使用自制主题。

图 3-26 "设计"主题工具栏

图 3-27 选择"内置"主题"暗香扑面"

6. 背景

问题描述：将第 2 张幻灯片背景设置为"信纸"纹理。

操作方法：单击第 2 张幻灯片，切换到功能区的"设计"选项卡，单击"背景"选项卡中的"背景样式"下拉箭头，在弹出的下拉列表中选择"设置背景格式"命令（如图 3-28 所示），打开"设置背景格式"对话框。单击选择"图片或纹理填充"，设置"纹理"为"信纸"，单击"关闭"按钮，如图 3-29 所示。

用同样的方法可以设置渐变填充和图片填充。

7. 母版

母版设置可以在创建演示文稿之初先完成。

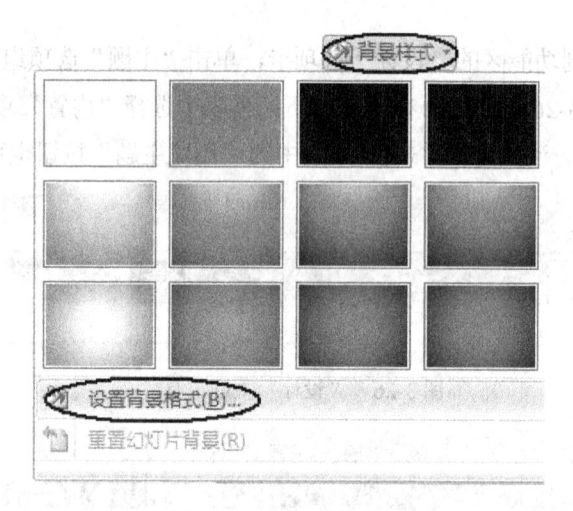

图 3-28 设置背景样式

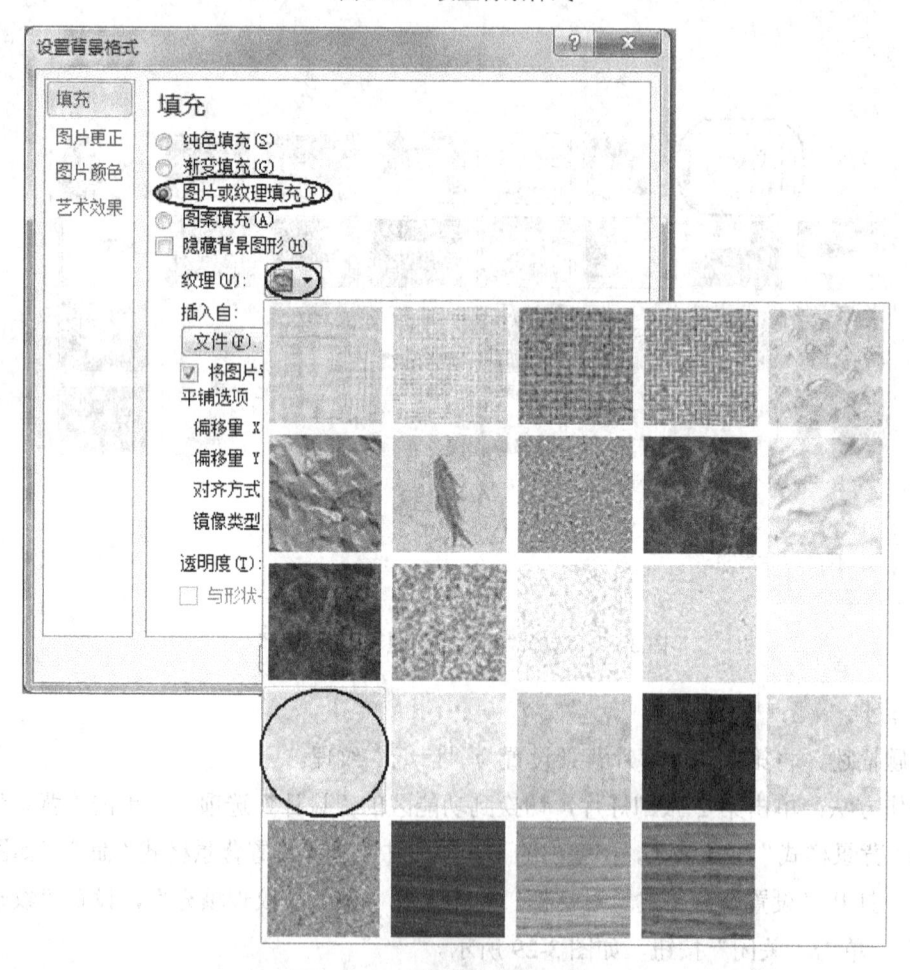

图 3-29 "信纸"纹理背景设置

问题描述：在幻灯片母版首页插入自动更新日期，格式默认。

操作方法：切换到功能区的"视图"选项卡，单击母版视图中"幻灯片母版"完成相关设置后返回普通视图。

完成上述所有操作后保存任务 1.pptx 文件。

任务 3.2　PowerPoint 切换、动画和放映

一、实验目的

（1）掌握幻灯片动画设置，包括插入超链接、自定义动画的设置、动画延时设置、幻灯片切换效果设置、切换速度设置、自动切换与鼠标单击切换设置、动作按钮的使用。

（2）掌握幻灯片放映设置。

（3）掌握演示文稿合并，将两个以上的演示文稿合成一个演示文稿，每个文稿保留原有格式。

二、实验内容及操作步骤

以下操作在任务 3.1 的基础上完成。

1. 超链接

问题描述 1：将"价值观的作用"、"价值观的形成"、"价值观的体系"链接到对应的幻灯片。

操作方法：选中"价值观的作用"文本，切换到功能区的"插入"选项卡，在"链接"选项组中单击"超链接"按钮，打开如图 3-30 所示的"插入超链接"对话框。再单击左侧的"本文档中的位置"，在"请选择文档中的位置"中单击第 3 张幻灯片，然后单击"确定"按钮即可完成。

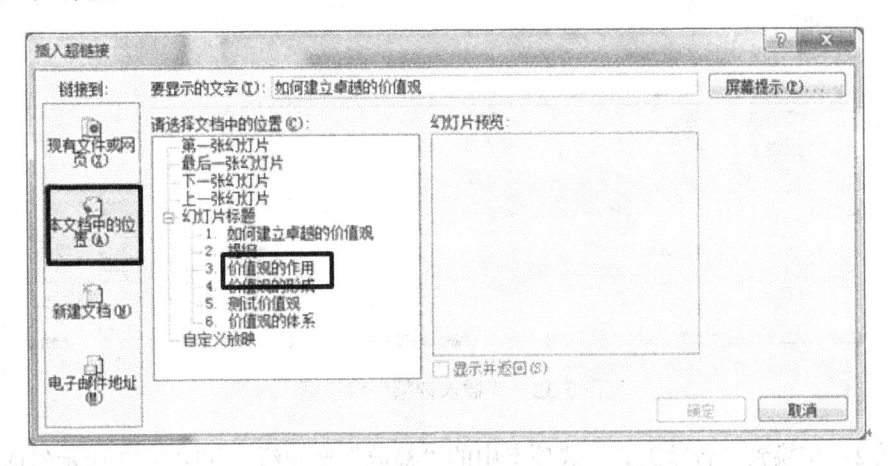

图 3-30　"插入超链接"对话框

注：在该对话框的"链接到"中"现有文件或网页"选项可以链接到某个网站或文件，"电子邮件地址"选项可链接到电子邮件。其他两个链接读者自行完成。

问题描述 2：在第 1 张幻灯片中插入实验素材文件夹中的歌曲"Let It Go.mp3"，设置为自动播放、声音图标在放映时隐藏。

操作步骤如下。

步骤 1：切换到功能区的"插入"选项卡，在"媒体"选项组中单击"媒体"按钮，在打开如图 3-31 所示的下拉列表中选择"文件中的音频"，打开如图 3-32 所示的"插入音频"对话框。选择要求的歌曲，单击"插入"按钮，即可完成操作。

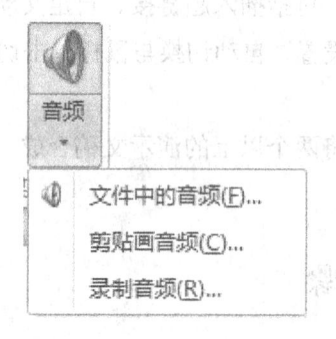

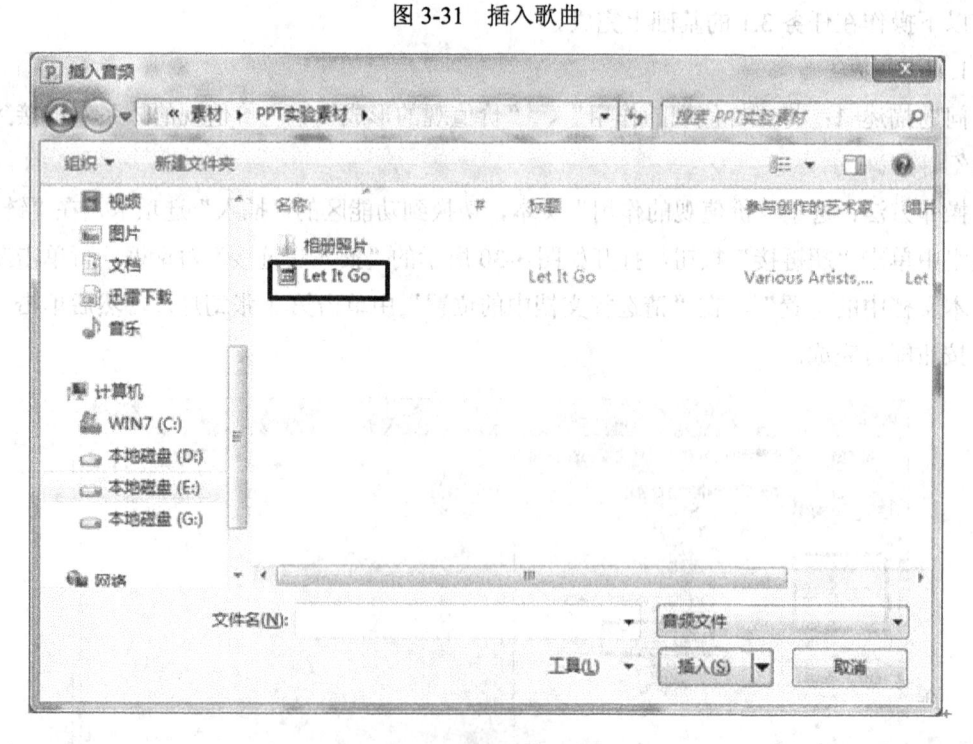

图 3-31　插入歌曲

图 3-32　"插入音频"对话框

步骤 2：切换到"音频工具"选项卡中的"播放"选项组，如图 3-33 所示勾选"放映时隐藏"复选框，再把"开始"栏设置为"自动"。

图 3-33　音频插入选项设置

2. 动画

问题描述 1：针对第三页幻灯片，按顺序设置以下的自定义动画效果：

➢ 将"价值观的作用"的进入效果设置成"自顶部飞入"。

➢ 将"价值观的形成"的强调效果设置成"脉冲"。

➢ 将"价值观的体系"的退出效果设置成"淡出"。

➢ 在页面中添加"后退"（后退或前一项）与"前进"（前进或下一项）的动作按钮。

操作步骤如下。

步骤 1：选中第 3 幻灯片，再选中文本"价值观的作用"。切换到功能区的"动画"选项卡，在"动画"选项组中选择"飞入"动画效果，如图 3-34 所示；再单击右侧的"效果选项"下拉箭头，在弹出的菜单中选择"自顶部"，如图 3-35 所示。

图 3-34　选择动画"飞入"工具栏

图 3-35　动画"效果选项"下拉菜单

步骤 2：选中文本"价值观的形成"，在"动画"列表中选择"强调"下的"脉冲"效果，如图 3-36 所示。

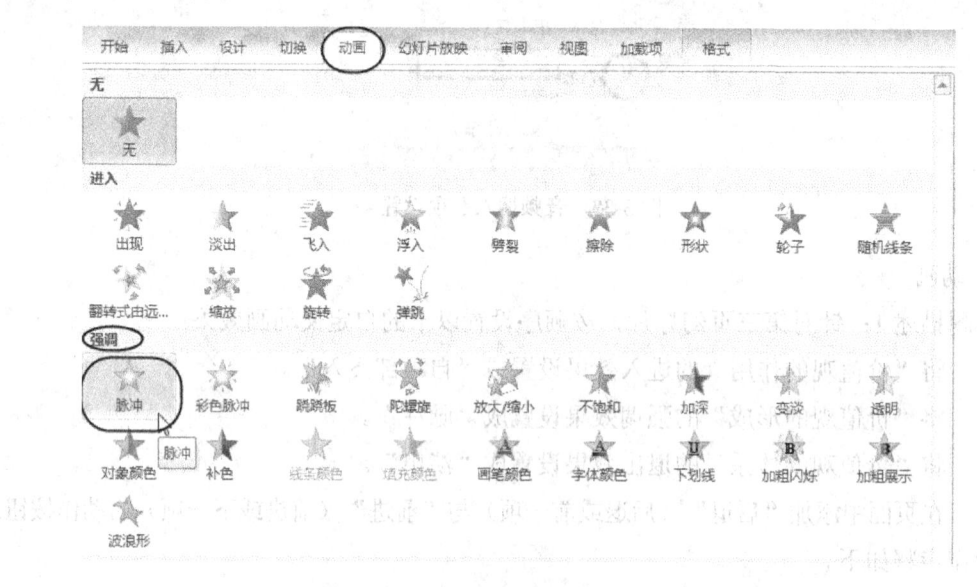

图 3-36 强调动画"脉冲"菜单

步骤 3：选中文本"价值观的体系"，在"动画"列表中选择"退出"下的"淡出"效果，如图 3-37 所示。

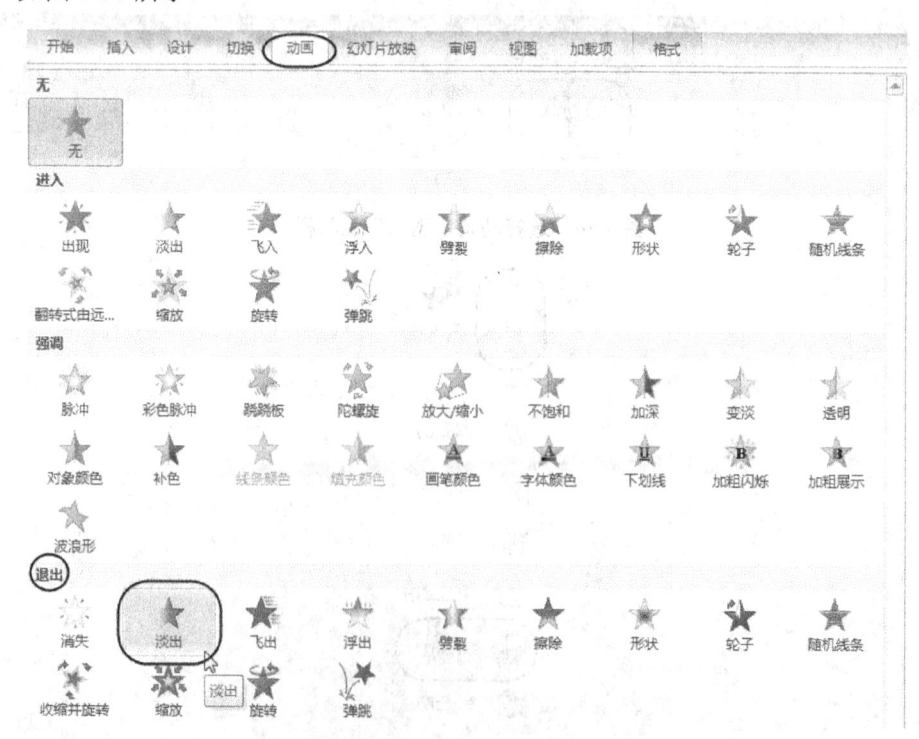

图 3-37 退出动画"淡出"选项

步骤 4：切换到功能区的"插入"选项卡，单击"插图"选项组的"形状"下拉箭头，在弹出的下拉菜单中选择"动作按钮"组内的"后退或前一项"和"前进或下一项"按钮，如图 3-38 所示。按住鼠标左键在幻灯片中拖动插入按钮，此时同时弹出了"动作设置"对话框（如图 3-39 所示）。选择该按钮将要执行的动作，完成后的效果如图 3-40 所示。

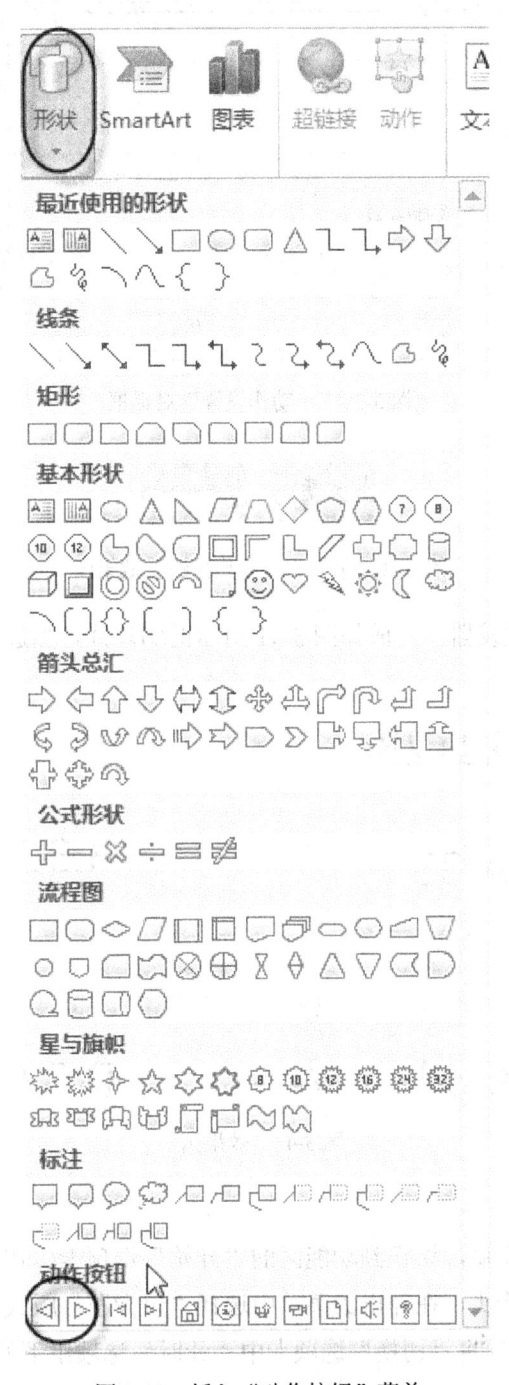

图 3-38 插入"动作按钮"菜单

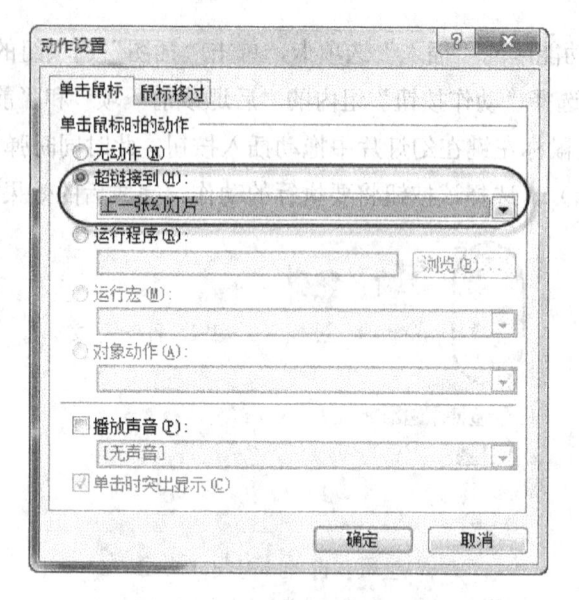

图 3-39　"动作设置"对话框

图 3-40　插入完"动作按钮"效果图

问题描述 2：设置触发器。完成如图 3-41 所示的幻灯片，当选择 A 时出现"√"，选择其他时出现"×"。

12+23=

A.35　　　　　　　　B.36

C.34　　　　　　　　D.37

图 3-41　效果图

操作步骤如下。

步骤 1：新建演示文稿，切换到功能区的"开始"选项卡。在"幻灯片"选项组中单击"新建幻灯片"下拉箭头，在弹出的菜单中选择"仅标题"版式，插入一张新的幻灯片（注意：在新幻灯片中必须将"切换"选项卡中"计时"选项组下的"设置自动换片时间"选项取消。）。

步骤 2：在"标题"区输入"12+23="，然后切换到"插入"选项卡。单击"文本"选项卡中的"文本框"下拉菜单，在弹出的菜单中选择"横排文本框"命令（需要插入 8 个文本框，然后在"文本框"中分别输入"A.35"、"B.36"、"C.34"、"D.37"，"√"、"×"颜色、字体、大小自行设定。）。

步骤 3：选择"A.35"文本旁边的"√"文本框，切换到功能区的"动画"选项卡。单击选择"动画"选项组中的"出现"动画效果；在"计时"选项组中，设置"开始"为"单击时"；然后再单击"高级动画"选项组中的"触发"按钮，在弹出的下拉菜单中选择"TextBox2"（此为"A.35"所在文本框），如图 3-42 所示。重复上述步骤完成其余动画设置，动画窗格中的效果如图 3-43 所示。

图 3-42 动画"触发"命令菜单

图 3-43 "动画窗格"效果

步骤 4：保存演示文稿，名称为"小学算术.pptx"。

问题描述 3：动作路径。完成类似电视电影片尾演员表，演员表从下往上依次出现。操作步骤如下。

步骤 1：新建一个演示文稿，切换到功能区的"开始"选项卡。在"幻灯片"选项组中单击"新建幻灯片"下拉箭头，在弹出的菜单中选择"仅标题"版式。

步骤 2：切换到"插入"选项卡，单击"文本"选项组中的"文本框"下拉箭头，在弹出的菜单中选择"横排文本框"命令；然后在"文本框"中输入文本，字体大小自定。

步骤 3：选中"文本框"，切换到"动画"选项卡。在"动画"选项组的"动画"列表中，选择路径"直线"动画效果；然后单击"效果选项"下拉箭头，在弹出的菜单中选择"上"命令（如图 3-44 所示），将"文本框"移出到幻灯片下方（如图 3-45 所示）；再将红色的向上箭头拖动移出幻灯片上方（如图 3-46 所示）（注意：先使用窗口底部状态栏中的缩放控件减小文档的显示比例更易操作。）。

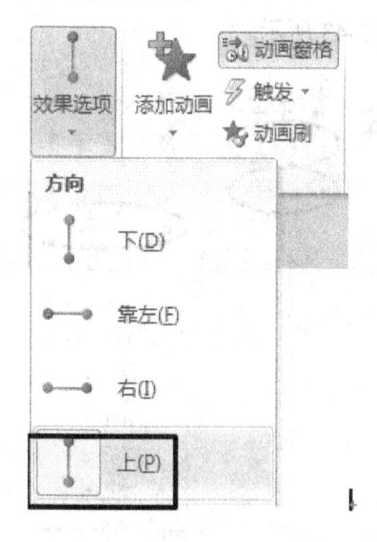

图 3-44　设置动作路径

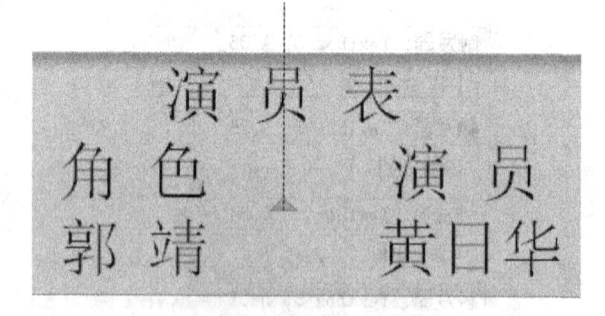

图 3-45　"文本框"移出幻灯片下方的效果图

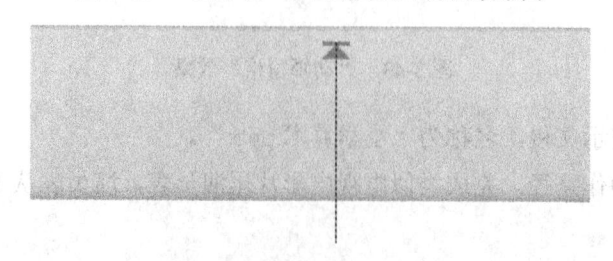

图 3-46　"文本框"路径箭头移出幻灯片上方的效果图

步骤 4：保存演示文稿，名称为"83 版射雕英雄传演员表.pptx"。

注：本题也可以使用自底部飞入效果来完成。

3. 幻灯片切换

问题描述：按下面要求设置幻灯片的切换效果。设置所有幻灯片的切换效果为"自左侧→推进"，实现每隔 3 秒自动切换，也可以单击鼠标进行手动切换。

操作方法：切换到功能区的"切换"选项卡，在"切换到此幻灯片"选项组中选择"推进"，如图 3-47 所示。再单击该选项组中的"效果选项"按钮，在弹出的菜单里选择"自左侧"命令，如图 3-48 所示。选中"计时"选项组中的"单击鼠标时"和"设置自动换片时间"复选框，并设置自动换片时间为"3"秒；最后单击"全部应用"按钮，如图 3-49 所示。

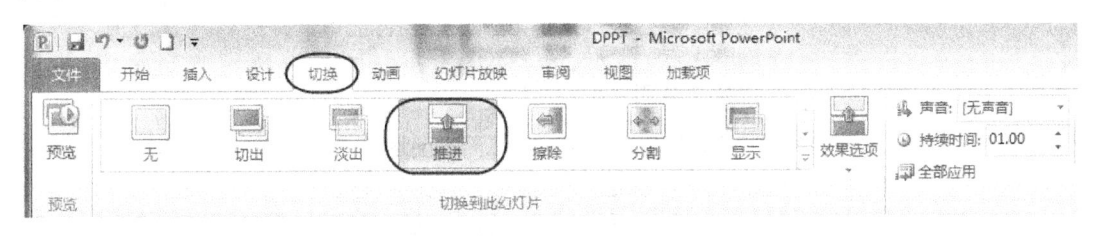

图 3-47 幻灯片"切换效果"工具

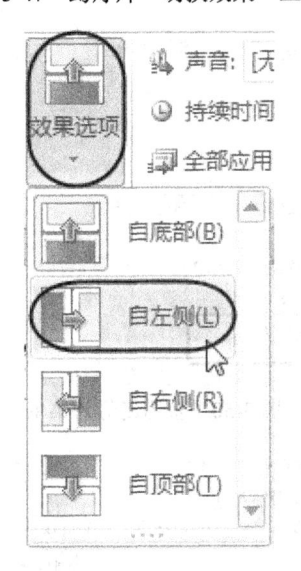

图 3-48 切换"效果选项"对话框

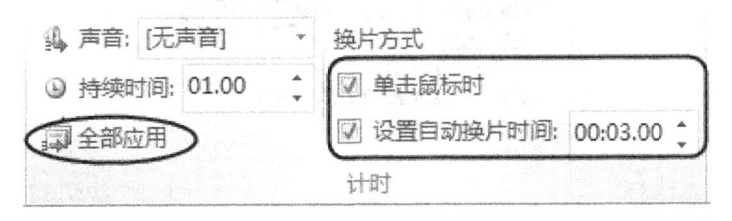

图 3-49 "计时"选项组的设置

4. 演示文稿合并

问题描述：将"小学算术.pptx"和"83版射雕英雄传演员表.pptx"合并成一个新的演示文稿，以"PPT动画制作.pptx"。

操作步骤如下。

步骤1：切换到"开始"选项卡，单击"新建幻灯片"下拉箭头，选择"重用幻灯片"如图3-50所示，打开如图3-51所示的"重用幻灯片"面板。

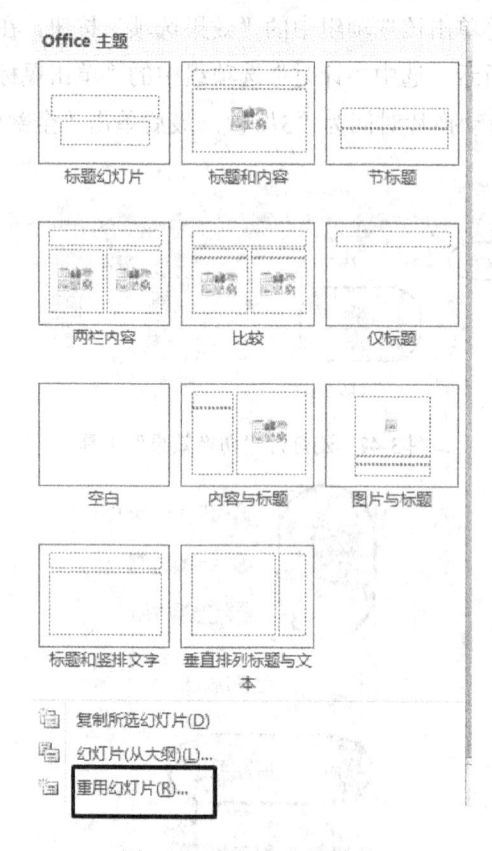

图3-50 重用幻灯片菜单

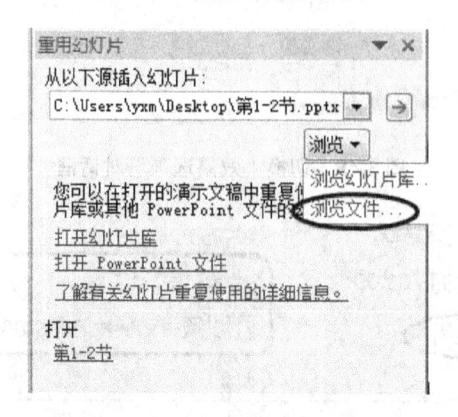

图3-51 重用幻灯片面板

步骤 2：单击浏览下拉箭头，选择"浏览文件"命令，打开如图 3-52 所示的"浏览"对话框，选择需要的演示文稿，单击"打开"按钮，演示文稿的所有幻灯片出现在"重用幻灯片"面板上。

步骤 3：将鼠标定位在要插入幻灯片的位置，在"重用幻灯片"面板上勾选"保留源格式"复选框，右击某张幻灯片出现如图 3-53 所示的快捷菜单，选择"插入所有幻灯片"命令。

图 3-52 "浏览"对话框

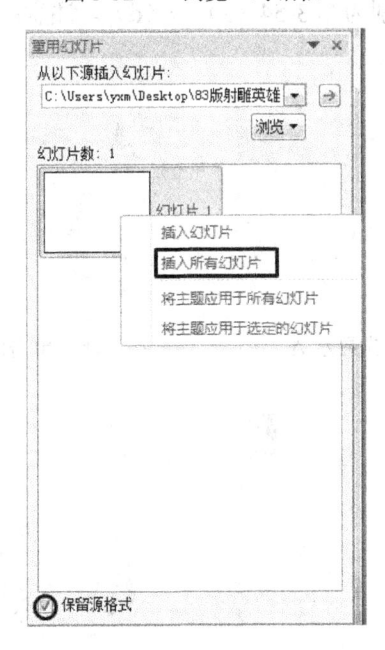

图 3-53 插入幻灯片

步骤 4：重复步骤 1 到步骤 3，完成其他演示文稿的合并。

步骤5：将演示文稿以"PPT动画制作.pptx"为名保存到指定位置。

三、练习

1. 练习1

（1）幻灯片的设计模板设置为"暗香扑面"。

（2）给幻灯片插入日期（自动更新，格式为×年×月×日）。

（3）设置幻灯片的动画效果，要求：针对第二页幻灯片，按顺序设置以下的自定义动画效果：

* 将"价值观的作用"的进入效果设置成"自顶部飞入"。
* 将"价值观的形成"的强调效果设置成"脉冲"。
* 将"价值观的体系"的退出效果设置成"淡出"。
* 在页面中添加"后退"（后退或前一项）与"前进"（前进或下一项）的动作按钮。

（4）按下面要求设置幻灯片的切换效果：

* 设置所有幻灯片的切换效果为"自左侧推进"。
* 实现每隔3秒自动切换，也可以单击鼠标进行手动切换。

2. 练习2

在练习1幻灯片最后一项后，新增加一页，设计出如图3-54所示效果，单击鼠标，依次显示文字：ＡＢＣＤ，效果分别为图3-54（a）～（d）。注意：字体、大小等，由考生自定。

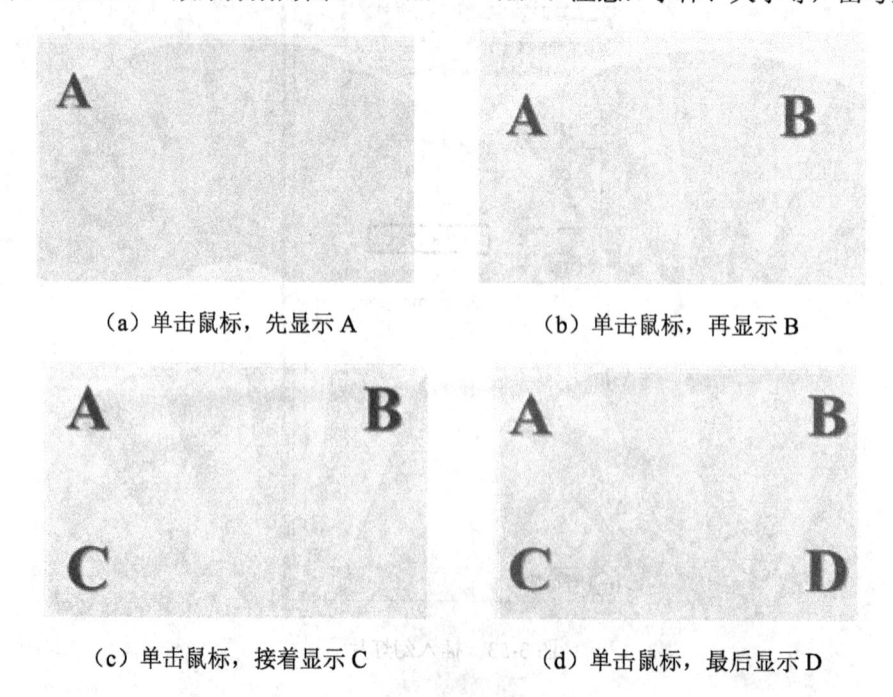

（a）单击鼠标，先显示A　　　　　（b）单击鼠标，再显示B

（c）单击鼠标，接着显示C　　　　（d）单击鼠标，最后显示D

图3-54　练习2

下篇 办公软件高级应用习题

- 习题 1 计算机基础习题
- 习题 2 Word 习题
- 习题 3 Excel 习题
- 习题 4 PowerPoint 习题

习题 1 计算机基础习题

1.1 单项选择题

1. 宏病毒的特点是_____。
    A. 传播快、制作和变种方便、破坏性和兼容性差
    B. 传播快、制作和变种方便、破坏性和兼容性好
    C. 传播快、传染性强、破坏性和兼容性好
    D. 以上都是
2. Outlook 中答复会议邀请的方式不包括_____。
    A. 接受　　　　　B. 反对　　　　　C. 谢绝　　　　　D. 暂定
3. 当 Outlook 的默认数据文件被移动后，系统会_____。
    A. 显示错误对话框，提示无法找到数据文件
    B. 自动定位到数据文件的新位置
    C. 自动生成一个新数据文件
    D. 自动关闭退出
4. Outlook 中，可以通过直接拖动一个项目拖放到另外一个项目上，而实现项目之间快速转换的有_____。
    A. 邮件与任务的互换　　　　　　B. 邮件与日历的互换
    C. 任务与日历的互换　　　　　　D. 以上都是
5. 宏代码也是用程序设计语言编写，与其最接近的高级语言是_____。
    A. Delphi　　　　B. Visual Basic　　　C. C#　　　　D. JAVA
6. Outlook 的邮件投票按钮的投票选项可以是_____。
    A. 是；否　　　　　　　　　　　B. 是；否；可能
    C. 赞成；反对　　　　　　　　　D. 以上都是
7. 防止文件丢失的方法_____。
    A. 自动备份　　B. 自动保存　　C. 另存一份　　D. 以上都是
8. Outlook 数据文件的扩展名是_____。

A. dat　　　　　B. pst　　　　　C. dll　　　　　D. pts

9. 在 Outlook 邮件中，通过规则可以实现_____。

A. 使邮件保持有序状态

B. 使邮件保持最新状态

C. 创建自定义规则实现对邮件管理和信息挖掘

D. 以上都是

10. 通过 Outlook 自动添加的邮箱账号类型是_____。

A. Exchange 账号　　　B. POP3 账号　　　C. IMAP 账号　　　D. 以上都是

11. 对 Outlook 数据文件可以进行的设置或操作有_____。

A. 重命名或设置访问密码　　　　　B. 删除

C. 设置为默认文件　　　　　　　　D. 以上都是

12. Outlook 中可以建立和设置重复周期的日历约会，定期模式包括_____。

A. 按日、按周、按月、按年　　　　B. 按日、按月、按季、按年

C. 按日、按周、按月、按季　　　　D. 以上都不是

1.2　单项选择题参考答案

1. B　　2. B　　3. A　　4. D　　5. B　　6. D　　7. D　　8. B　　9. D
10. D　　11. D　　12. A

1.3　判断题

（　　）1. Outlook 中，自定义的快速步骤可以同时应用于不同的数据文件中的邮件。

（　　）2. Outlook 中通过创建搜索文件夹，可以将多个不同数据文件中的满足指定条件的邮件集中存放在一个文件夹中。

（　　）3. 可以通过设置来更改 Outlook 自动存档的运行频率、存档数据文件依据现有项目的存档时间。

（　　）4. Outlook 的默认数据文件可以随意指定。

（　　）5. Outlook 中发送的会议邀请，系统会自动添加到日历和待办事项栏中的约会提醒窗格。

（　　）6. 无论是 POP3 还是 IMAP 的账户类型，都可以保持客户端与服务器的邮件信息同步。

（　）7. Outlook 中，可以在发送的电子邮件中添加征询意见的投票按钮，系统会将投票结果送回发件人的收件箱。

（　）8. Outlook 的数据文件可以随意移动。

（　）9. Outlook 中，自定义的快速步骤可以同时应用于不同的数据文件中的邮件。

（　）10. Outlook 中收件人对会议邀请的答复可以有三种：接受、暂定和拒绝。

（　）11. 宏是一段程序代码，可以用任何一种高级语言编写宏代码。

1.4 判断题参考答案

1.√　2.×　3.√　4.√　5.√　6.×　7.×　8.√　9.√
10.√　11.×

习题 2　Word 习题

2.1　单项选择题

1. 在表格中，如需运算的空格恰好位于表格底部，需将该空格以上的内容累加，可通过该处插入那句公式实现＿＿＿＿。
   A. =ADD（BELOW）　　　　　B. =ADD（ABOVE）
   C. =SUM（BELOW）　　　　　D. =SUM（ABOVE）

2. Word 2010 插入题注时如需加入章节号，如"图 1-1"，无须进行的操作是＿＿＿＿。
   A. 将章节起始位置套用内置标题样式
   B. 将章节起始位置应用多级符号
   C. 将章节起始位置应用自动编号
   D. 自定义题注样式为"图"

3. 在同一个页面中，如果希望页面上半部分为一栏，后半部分分为两栏，应插入的分隔符号为＿＿＿＿。
   A. 分页符　　　B. 分栏符　　　C. 分节符（连续）　　　D. 分节符（奇数页）

4. Word 中的手动换行符是通过＿＿＿＿产生的。
   A. 插入分页符　　　B. 插入分节符　　　C. 输入 Enter　　　D. 按 Shift+Enter

5. Word 2010 可自动生成参考文献书目列表，在添加参考文献的"源"主列表时，"源"不可能直接来自于＿＿＿＿。
   A. 网络中各知名网站　　　　　B. 网上邻居的用户共享
   C. 计算机中的其他文档　　　　D. 自己录入

6. 关于 Word 2010 的页码设置，以下表述错误的是＿＿＿＿。
   A. 页码可以被插入到页眉页脚区域
   B. 页码可以被插入到左右页边距
   C. 如果希望首页和其他页页码不同必须设置"首页不同"
   D. 可以自定义页码并添加到构建基块管理器中的页码库中

7. 如果 Word 文档中有一段文字不允许别人修改，可以通过＿＿＿＿。

A. 格式设置限制   B. 编辑限制
C. 设置文件修改密码   D. 以上都是

8. 关于大纲级别和内置样式的对应关系，以下说法正确的是_____。
   A. 如果文字套用内置样式"正文"，则一定在大纲视图中显示为"正文文本"
   B. 如果文字在大纲视图中显示为"正文文本"，则一定对应样式为"正文"
   C. 如果文字的大纲级别为1级，则被套用样式"标题1"
   D. 以上说法都不正确

9. 以下_____是可被包含在文档模板中的元素。
   ① 样式　② 快捷键　③ 页面设置信息　④ 宏方案项　⑤ 工具栏
   A. ①②④⑤   B. ①②③④   C. ①③④⑤   D. ①②③④⑤

10. 关于样式、样式库和样式集，以下表述正确的是_____。
    A. 快速样式库中显示的是用户最为常用的样式
    B. 用户无法自行添加样式到快速样式库
    C. 多个样式库组成了样式集
    D. 样式集中的样式存储在模板中

11. 通过设置内置标题样式，以下哪个功能无法实现_____。
    A. 自动生成题注编号   B. 自动生成脚注编号
    C. 自动显示文档结构   D. 自动生成目录

12. Word 文档的编辑限制包括_____。
    A. 格式设置限制   B. 编辑限制   C. 权限保护   D. 以上都是

13. 关于导航窗格，以下表述错误的是_____。
    A. 能够浏览文档中的标题
    B. 能够浏览文档中的各个页面
    C. 能够浏览文档中的关键文字和词
    D. 能够浏览文档中的脚注、尾注、题注等

14. 在 Word 中建立索引，是通过标记索引项，在被索引内容旁插入域代码的索引项，随后再根据索引项所在的页码生成索引。与索引类似，以下哪种目录，不是通过标记索引项所在位置生成目录_____。
    A. 目录   B. 书目   C. 图表目录   D. 引文目录

15. 若文档被分为多个节，并在"页面设置"的版式选项卡中将页眉和页脚设置为奇偶页不同，则以下关于页眉和页脚说法正确的是_____。
    A. 文档中所有奇偶页的页眉必然都不相同
    B. 文档中所有奇偶页的页眉可以不相同
    C. 每个节中奇数页页眉和偶数页页眉必然不相同

D. 每个节的奇数页页眉和偶数页页眉可以不相同

16. 在书籍杂志的排版中，为了将页边距根据页面的内侧、外侧进行设置，可将页面设置为_____。

  A. 对称页边距 B. 拼页 C. 书籍折页 D. 反向书籍折页

17. Smart 图形不包括下面的_____。

  A. 图表 B. 流程图 C. 循环图 D. 层次结构图

18. 宏可以实现的功能不包括_____。

  A. 自动执行一串操作或重复操作 B. 自动执行杀毒操作
  C. 创建定制的命令 D. 创建自定义的按钮和插件

19. 如果要将某个新建样式应用到文档中，以下哪种方法无法完成样式的应用_____。

  A. 使用快速样式库或样式任务窗格直接应用
  B. 使用查找与替换功能替换样式
  C. 使用格式刷复制样式
  D. 使用 Ctrl+W 快捷键重复应用样式

20. 关于模板，以下表述正确的是_____。

  A. 新建的空白文档基于 normal.dotx 模板
  B. 构建基块各个库存放在 Built-In Building Blocks 模板中
  C. 可以使用微博模板将文档发送到微博中
  D. 工作组模板可以用于存放某个工作小组的用户模板

21. 以下哪一个选项卡不是 Word 2010 的标准选项卡_____。

  A. 审阅 B. 图表工具 C. 开发工具 D. 加载项

22. 在 Word 2010 新建段落样式时，可以设置字体、段落、编号等多样式属性，以下不属于样式属性的是_____。

  A. 制表位 B. 语言 C. 文本框 D. 快捷键

23. 下列对象中，不可以设置链接的是_____。

  A. 文本上 B. 背景上 C. 图形上 D. 剪贴图上

24. Office 提供的对文件的保护包括_____。

  A. 防打开 B. 防修改 C. 防丢失 D. 以上都是

2.2 单项选择题参考答案

1. D 2. C 3. C 4. D 5. B 6. B 7. B 8. D 9. D
10. A 11. C 12. D 13. D 14. B 15. B 16. A 17. A 18. B

19. D　　20. A　　21. B　　22. C　　23. B　　24. D

2.3　判断题

（　　）1. Word 2010 中如需对某个样式进行修改，可单击"插入"选项卡中的"更改样式"按钮。

（　　）2. 图片被裁剪后，被裁剪的部分仍作为图片文件的一部分被保存在文档中。

（　　）3. 文档的任何位置都可以通过运用 TC 域标记为目录项后建立目录。

（　　）4. 在 Office 的所有组件中，用来编辑宏代码的开发工具选项卡并不在功能区，需特别设置。

（　　）5. 如果删除了某个分节符，其前面的文字将合并到后面的节中，并且采用后者的格式设置。

（　　）6. 位于每节或者文档结尾，用于对文档某些特定字符、专有名词或术语进行注解的注释，就是脚注。

（　　）7. 可以通过插入域代码的方法在文档中插入页码，具体方法是先输入花括号"{"，再输入"page"，最后输入花括号"}"即可。选中域代码后按下 Shift+F9，即可显示为当前页的页码。

（　　）8. 插入一个分栏符能够将页面分为两栏。

（　　）9. 分节符、分页符等编辑标记只能在草稿视图中查看。

（　　）10. 在 Office 的所有组件中，都可以通过录制宏来记录一组操作。

（　　）11. 在"根据格式设置创建新样式"对话框可以新建表格样式，但表格样式在"样式"任务窗格中不显示。

（　　）12. 拒绝修订的功能等同撤销操作。

（　　）13. 在审阅时，对于文档中的所有修订标记只能全部接受或全部拒绝。

（　　）14. Word 2010 在文字段落样式的基础上新增了图片样式，可自定义图片样式并列入到图片样式库中。

（　　）15. 通过打印设置中的"打印标记"选项，可以设置文档中的修订标记是否被打印出来。

（　　）16. 在页面设置过程中，若左边边距为 4cm，装订线为 0.5cm，则版心左边距离页面左边沿的实际距离为 3.5cm。

（　　）17. 打印时，在 Word 2010 中插入的批注将与文档内容一起被打印出来，无法隐藏。

（　）18. Word 2010 的屏幕截图功能可以将任何最小化后收藏到任务栏的程序屏幕视图等插入到文档中。

（　）19. 在文档中点击构建基块中已有的文档部件，会出现构建基块框架。

（　）20. Office 中的宏很容易潜入病毒，即宏病毒。

（　）21. 如果要在更新域时保留原格式，只要将域代码"*MERGEFORMAT"删除即可。

（　）22. 可以用 VBA 编写宏代码。

（　）23. 如需使用导航窗格对文档进行标题导航，必须预先为标题文字设定大纲级别。

（　）24. 书签名必须以字母、数字或者汉字开头，不能有空格，可以有下划线字符来分隔文字。

（　）25. 按一次 TAB 键就右移一个制表位，按一次 Delete 键左移一个制表位。

（　）26. dotx 格式为启用宏的模板格式，而 dotm 格式无法启用宏。

（　）27. 域就像一段程序代码，文档中显示的内容是域代码运行的结果。

（　）28. 样式的优先级可以在新建样式时自行设置。

（　）29. 如果文本从其他应用程序引入后，由于颜色对比的原因难以阅读，最好改变背景颜色。

（　）30. 文档右侧的批注框只用于显示批注。

（　）31. Word 中不但提供了对文档的编辑保护，还可以设置对节分隔的区域内容进行编辑限制和保护。

（　）32. 在页面设置过程中，若下边距为 2cm，页脚区为 0.5cm，则版心底部距离页面底部的实际距离为 2.5cm。

（　）33. 在页面设置过程中，若左边距为 3cm，装订线为 0.5cm，则版心左边距离页面左边沿的实际距离为 3.5cm。

（　）34. 中国的引文样式标准是 ISO690。

2.4 判断题参考答案

1. ×　2. ×　3. √　4. √　5. ×　6. ×　7. ×　8. √　9. ×
10. √　11. √　12. ×　13. ×　14. ×　15. √　16. ×　17. ×　18. ×
19. √　20. √　21. √　22. √　23. ×　24. ×　25. ×　26. ×　27. √
28. ×　29. ×　30. ×　31. √　32. ×　33. √　34. ×

习题 3　Excel 习题

3.1　单项选择题

1. 关于筛选，叙述正确的是_____。
   A. 自动筛选可以同时显示数据区域和筛选结果
   B. 高级筛选可以进行更复杂条件的筛选
   C. 高级筛选不需要建立条件区，只有数据区域就可以了
   D. 自动筛选可以将筛选结果放在指定的区域
2. 将数字向上舍入到最接近的偶数的函数是_____。
   A. EVEN　　　　　B. ODD　　　　　C. ROUND　　　　　D. TRUNC
3. 计算贷款指定期数应付的利息额应使用_____函数。
   A. FV　　　　　B. PV　　　　　C. IPMT　　　　　D. PMT
4. 某单位要统计各科室人员工资情况，按工资从高到低排序，若工资相同，以工龄降序排序，则以下做法正确的是_____。
   A. 主要关键字为"科室"，次要关键字为"工资"，第二次要关键字为"工龄"
   B. 主要关键字为"工资"，次要关键字为"工龄"，第二个次要关键字为"科室"
   C. 主要关键字为"工龄"，次要关键字为"工资"，第二个次要关键字为"科室"
   D. 主要关键字为"科室"，次要关键字为"工龄"，第二次要关键字为"工资"
5. 以下 Excel 运算符中优先级最高的是_____。
   A. :　　　　　B. ,　　　　　C. *　　　　　D. +
6. 在一工作表筛选出某项的正确操作方法是_____。
   A. 鼠标单击数据表外的任一单元格，执行"数据-筛选"菜单命令，鼠标单击想查找列的向下箭头，从下拉菜单中选择筛选项
   B. 鼠标单击数据表中任一单元格，执行"数据-筛选"菜单命令，鼠标单击想查找列的向下箭头，从下拉菜单中选择筛选项
   C. 执行"查找与选择-查找"菜单命令，在"查找"对话框的"查找内容"框输入要查找的项，单击"关闭"按钮

D. 执行"查找与选择-查找"菜单命令，在"查找"对话框的"查找内容"框输入要查找的项，单击"查找下一个"按钮

7. 关于 Excel 表格，下面说法不正确的是_____。
   A. 表格的第一行为列标题（称字段名）
   B. 表格中不能有空列
   C. 表格与其他数据间至少留有空行或空列
   D. 为了清晰，表格总是把第一行作为列标题，而把第二行空出来

8. 在记录单的右上角显示"3/30"，其意义是_____。
   A. 当前记录单仅允许 30 个用户访问   B. 当前记录是第 30 号记录
   C. 当前记录是第 3 号记录   D. 您是访问当前记录单的第 3 个用户

9. Excel 图表是动态的，当在图表中修改了数据系列的值时，与图表相关的工资表中的数据_____。
   A. 出现错误值   B. 不变   C. 自动修改   D. 用特殊颜色显示

10. Excel 一维水平数组中元素用_____分开。
    A. ;   B. \   C. ,   D. \\

11. 下列函数中，_____函数不需要参数。
    A. DATE   B. DAY   C. TODAY   D. TIME

12. 在一个表格中，为了查看满足部分条件的数据内容，最有效的方法是_____。
    A. 选中相应的单元格   B. 采用数据透视表工具
    C. 采用数据筛选工具   D. 通过宏来实现

13. 将数字截尾取整的函数是_____。
    A. TRUNC   B. INT   C. ROUND   D. CEILING

14. 以下哪种方式在 Excel 中输入数值-6_____。
    A. "6   B. （6）   C. \6   D. \\6

15. 将数字向上舍入最接近的奇数的函数是_____。
    A. ROUND   B. TRUNC   C. EVEN   D. ODD

16. 一个工作表各列数据均含标题，要对所有列数据进行排序，用户应选取的排序区域是_____。
    A. 含标题的所有数据区   B. 含标题的任一列数据
    C. 不含标题的所有数据区   D. 不含标题任一列数据

17. 为了实现多字段的分类汇总，Excel 提供的工具是_____。
    A. 数据地图   B. 数据列表   C. 数据分析   D. 数据透视表

18. Excel 文档包括_____。
    A. 工作表   B. 工作簿   C. 编辑区域   D. 以上都是

19. 以下哪种方式可在 Excel 中输入文本类型的数字"0001"_____。

　　A. "0001"　　　B. '0001　　　C. \0001　　　D. \\0001

20. VLOOKUP 函数从一个数组或表格的_____中查找含有特定值得字段，再返回同一列中某一指定单元格中的值。

　　A. 第一行　　　B. 最末行　　　C. 最左列　　　D. 最右列

21. 关于 Excel 区域定义不正确的论述是_____。

　　A. 区域可由单一单元格组成　　　B. 区域可由同一列连续多个单元格组成
　　C. 区域可由不连续的单元格组成　　　D. 区域可由同一行连续多个单元格组成

22. 有关表格排序的说法正确是_____。

　　A. 只有数字类型可以作为排序的依据

　　B. 只有日期类型可以作为排序的依据

　　C. 笔画和拼音不能作为排序的依据

　　D. 排序规则有升序和降序

23. 返回参数组中非空值单元格数目的函数是_____。

　　A. COUNT　　　B. COUNTBLANK　　　C. COUNTIF　　　D. COUNTA

24. 使用 Excel 的数据筛选功能，是将_____。

　　A. 满足条件的记录显示出来，而删除掉不满足条件的数据

　　B. 不满足条件的记录暂时隐藏起来，只显示满足条件的数据

　　C. 不满足条件的数据用另外一个工作表来保存起来

　　D. 将满足条件的数据突出显示

25. Excel 一维垂直数组中元素用_____分开。

　　A. \　　　B. \\　　　C. ,　　　D. ;

26. 关于分类汇总，叙述正确的是_____。

　　A. 分类汇总前首先应按分类字段值对记录排序

　　B. 分类汇总可以按多个字段分类

　　C. 只能对数值型字段分类

　　D. 汇总方式只能求和

27. Excel 中使用填充柄对包含数字的区域复制时应按住_____键。

　　A. Alt　　　B. Ctrl　　　C. Shift　　　D. Tab

3.2　单项选择题参考答案

1. B　　2. A　　3. C　　4. A　　5. A　　6. B　　7. B　　8. C　　9. C

10. C　11. C　12. C　13. A　14. B　15. D　16. A　17. D　18. D
19. B　20. C　21. C　22. D　23. D　24. B　25. D　26. A　27. A

3.3　判断题

（　）1. Excel 中的数据库函数都以字母 D 开头。

（　）2. Excel 数组常量中的值可以是常量和公式。

（　）3. 修改了图表数据源单元格的数据，图表会自动跟着刷新。

（　）4. 在 Excel 工作表中建立数据透视图时，数据系列只能是数值。

（　）5. 在 Excel 中，数组常量不得含有不同长度的行或列。

（　）6. Excel 中数组区域的单元格可以单独编辑。

（　）7. 分类汇总只能按一个字段分类。

（　）8. 自动筛选的条件只能是一个，高级筛选的条件可以是多个。

（　）9. 数据透视表中的字段是不能进行修改的。

（　）10. 如需编辑公式，可以单击"插入"选项中"fx"图标启动公式编辑器。

（　）11. 在保存 Office 文件中，可以设置打开或修改文件的密码。

（　）12. Excel 2010 中的"兼容性函数"实际上已经有新函数替换。

（　）13. Excel 中 Rand 函数在工作表计算一次结果后就固定下来。

（　）14. 不同字段之间进行"或"运算的条件必须使用高级筛选。

（　）15. HLookup 函数是在表格或区域第一行搜寻特定值。

（　）16. Excel 中的数据库函数的参数个数均为 4 个。

（　）17. 高级筛选不需要建立条件区，只需要指定数据区域就可以。

（　）18. 当原始数据发生变化后，只需要单击"更新数据"按钮，数据透视表就会自动更新数据。

（　）19. Excel 中数字区域的单元格可以单独编辑。

（　）20. 在 Excel 中排序时如果有多个关键字段，则所有关键字段必须选用相同的排序趋势（递增/递减）。

（　）21. 在 Excel 中单击"数据"选项卡→"获取外部数据"→"自文本"，按文本导入向导命令可以把数据导入工作表中。

（　）22. 只有每列数据都有标题的工作表才能使用记录单功能。

（　）23. CONUT 函数用于计算区域中单元格个数。

（　）24. 在 Excel 中既可以按行排序，也可以按列排序。

（　）25. 在 Excel 中，符号"&"是文本运算符。

（ ）26. Excel 的同一个数组常量中不可以使用不同类型的数值。
（ ）27. Excel 使用的是从公元 0 年开始的日期系统。
（ ）28. 不同字段之间进行"与"运算的条件必须使用高级筛选。
（ ）29. Excel 中提供了保护工作表、保护工作簿和保护特定工作区域的功能。
（ ）30. 在 Excel 中创建数据透视表时，可以从外部（如 DBF、MDB 等数据库文件）获取源数据。
（ ）31. 在排序"选项"中可以指定关键字段按字母排序或笔画排序。
（ ）32. 在 Excel 中，数组常量可以分为一维数组和二维数组。
（ ）33. Excel 中使用分类汇总，必须先对数据区域进行排序。
（ ）34. 如果筛选条件出现在多列中，并且条件间有"与"的关系，必须使用高级筛选。
（ ）35. 实施了保护工作表的 Excel 工作簿，在不知道保护密码的情况下无法打开工作簿。

3.4 判断题参考答案

1. √   2. ×   3. √   4. ×   5. √   6. ×   7. √   8. ×   9. ×
10. ×   11. √   12. √   13. ×   14. √   15. √   16. ×   17. ×   18. √
19. √   20. ×   21. √   22. √   23. ×   24. √   25. √   26. √   27. ×
28. ×   29. √   30. √   31. √   32. √   33. √   34. ×   35. ×

习题 4 PowerPoint 习题

4.1 单项选择题

1. 幻灯片中占位符的作用是_____。
   A. 表示文本长度 B. 限制插入对象的数量
   C. 表示图形大小 D. 为文本、图形预留位置
2. 如果希望在演示过程中终止幻灯片的演示，则随时可按的终止键是_____。
   A. Delete B. Ctrl+E C. Shifi+C D. Esc
3. 下面哪个视图中，不可以编辑、修改幻灯片_____。
   A. 浏览 B. 普通 C. 大纲 D. 备注页
4. 幻灯片放映过程，单击鼠标右键，选择"指针选项"中的荧光笔，在讲解过程中可以进行写和画，其结果是_____。
   A. 对幻灯片进行了修改
   B. 对幻灯片没有进行修改
   C. 写和画的内容留在幻灯片上，下次放映还会显示出来
   D. 写和画的内容可以保存起来，以便下次放映时显示出来
5. PowerPoint 文档保护方法包括_____。
   A. 用密码进行加密 B. 转换文件类型
   C. IRM 权限设置 D. 以上都是
6. 可以用拖动方法改变幻灯片的顺序是_____。
   A. 幻灯片视图 B. 备注页视图
   C. 幻灯片浏览视图 D. 幻灯片放映
7. 改变演讲文稿外观可以通过_____。
   A. 修改主题 B. 修改母版
   C. 修改背景样式 D. 以上三个都对
8. PowerPoint 中，下列说法中错误的是_____。
   A. 可以动态显示文本和对象

B. 可以更改动画对象的出现顺序

C. 图表中的元素不可以设置动画效果

D. 可以设置动画片切换效果

9. 改变演示文稿外观可以通过_____。

  A. 修改主题   B. 修改母版

  C. 修改背景样式   D. 以上三个都对

4.2 单项选择题参考答案

1. D 2. D 3. A 4. D 5. D 6. C 7. D 8. C 9. D

4.3 判断题

（ ）1. 在幻灯片中，超链接的颜色设置是不能改变的。

（ ）2. 演示文稿的背景最好采用统一的颜色。

（ ）3. 在 PowerPoint 中，旋转工具能旋转文本和图像对象。

（ ）4. 在幻灯片中，剪贴图有静态和动态两种。

（ ）5. 当在一张幻灯片中将某文本行降级时，使该行缩进一个幻灯片层。

（ ）6. 在幻灯片母版中进行设置，可以起到统一整个幻灯片的风格的作用。

（ ）7. 可以改变单个幻灯片背景的图案和字体。

（ ）8. PowerPoint 中不但提供了对文稿的编辑保护，还可以设置对节分隔的区域内容进行编辑限制和保护。

（ ）9. 在幻灯片母版设置中，可以起到统一标题内容作用。

4.4 判断题参考答案

1. × 2. √ 3. √ 4. √ 5. √ 6. √ 7. √ 8. × 9. ×